连翘栽培与加工技术

刘灵娣　主编

中国农业出版社

北　京

内容简介

　　《连翘栽培与加工技术》根据太行山区道地药材连翘产业的发展，系统整理我国山区连翘生产和加工技术，旨在科学指导连翘种植、产地加工及质量控制。本书包括药用连翘的本草考证与道地沿革、生物学与生态学特性、生产技术、特色生产技术、加工技术、质量评价、现代药理研究及综合利用、市场动态及前景分析等内容，并系统收集连翘种子种苗繁育、栽培生产、采收加工以及质量控制等相关标准。本书理论与实践相结合，科学实用，适合中药材连翘的种植企业、合作社、种植大户及加工企业参考使用。

主编简介

刘灵娣，女，博士，中共党员，研究员，河北省三三三二层次人才，河北中医药大学、河北工程大学硕士研究生导师，河北省农林科学院经济作物研究所药用植物研究中心主任、中国农学会特产分会会员、中国中药协会中药生态农业专业委员会委员、国家中药材产业技术体系全草类药材岗位科学家、河北省中药材产业技术体系种质资源评价及应用岗位专家、河北省中药材学会秘书长、河北省中药材标准化技术委员会秘书长。

先后主持、参加国家和省级中药材项目20余项，现主持国家中药材产业技术体系岗位项目1项、河北省中医药联合基金重点项目1项、河北省现代农业产业技术体系中药材创新团队岗位项目1项，以及河北省农林科学院创新工程项目1项；主研建立了药用植物定向选育技术体系、杂交育种技术体系和抗病育种技术体系，育成中药材新品种26个，鉴定成果29项，获奖成果8项，包括河北省农业技术推广合作奖1项、河北省山区创业二等奖1项、河北省科技进步三等奖1项、河北省山区创业三等奖1项、神农中华农业科技三等奖1项、中国产学研合作创新成果二等奖1项、石家庄市科技进步三等奖1项、石家庄市科教兴山创业一等奖1项；申请专利13项、制定标准52项、发表论文42篇、编写著作12部。

编审人员

主　　编　刘灵娣

副 主 编　温春秀　贺献林　田　伟

参编人员（按姓氏笔画排序）

丁　丽　于　毅　马琨芝　王　升

王　斌　王玉洁　牛颜冰　毛立娟

申国玉　田　溪　田洪岭　冯治朋

毕　磊　刘　铭　刘晓清　刘敏彦

李　鑫　李冬杰　李剑飞　李晓东

李海东　杨卫宵　杨太新　吴　敏

吴　楠　何　培　何雅莉　张　菊

张利超　陈　林　欧阳艳飞　宗建新

姜　涛　贾东升　贾和田　贾海民

徐　鹏　高文远　高丽惠　高雪飞

高慧敏　郭晓阳　崔旭盛　梁慧珍

葛淑俊　董文攀　甄　云　裴　林

主　　审　谢晓亮

连翘作为药材，为木犀科连翘属连翘的干燥果实，气微香、味苦，是我国常用的大宗药材和多种中成药的原料，具有清热解毒、消肿散结的功效，主要用于外感风热、咽喉肿痛的治疗，可散结泻火、消肿排脓、止痛利水，被历代医家称为"疮家圣药"。此外，连翘植物的根、茎、叶、花等也都有很大的潜在利用价值，有待大力开发和利用。

连翘主要分布于我国长江以北、辽宁以南地区，在我国西南地区山地也有分布，其原产地主要在河北、山西、陕西、山东、安徽西部、河南、湖北、四川、贵州等地。虽然连翘资源分布广泛，但产量极易受到天气、病虫害等自然因素影响，为此，产区各地近年来纷纷开展连翘的规模化、规范化栽培技术的研究与推广，取得了一批适用技术并应用于生产。本书在广泛总结各地经验的基础上，收录最新研究成果，并查阅采纳了相关著作及科研论文等资料，对连翘的相关生产技术进行了整理，同时收集了各地制定的相关标准，以期更好指导连翘产业发展，为连翘药材的优质生产提供支持。

本书主要介绍了连翘的栽培与加工技术。在突出实用技术的基础上兼顾知识的系统性。全书共分八章，第一章是连翘概述，介绍药用连翘的本草考证及道地沿革，还包括连翘的种类、选育品种以及资源分布和价值利用；第二章主要介绍连翘的生物

学与生态学特性；第三章从种子种苗繁育入手，系统介绍了连翘生产技术；第四章介绍连翘的特色生产技术，包括天然林抚育、人工林培育、矮化密植、嫁接技术、修剪技术等；第五章主要介绍连翘的适宜采收期及加工和贮藏；第六章是连翘的质量评价；第七章为连翘的现代药理研究及综合利用；第八章分析了连翘市场动态与前景。在此基础上，本书在附录中系统收集整理了连翘种子种苗繁育、栽培生产、采收加工以及质量控制等相关标准。本书理论联系实际，力求科学、实用和先进，适合普通群众、药农、基层农业技术人员等学习应用，也可供中药学、中药资源与开发、中草药栽培与鉴定等相关专业人员参考。

为保证编写准确和详尽，编者深入实地调查，查阅了大量的文献材料，得到了一些业内权威人士的指导和支持；为提高本书科学性，还引用了相关专家学者发表的论文著作及制定的相关标准。编辑出版过程中，得到了河北省现代农业产业技术体系中药材创新团队、河北省农林科学院和中国农业出版社的大力支持，在此一并致谢。

希望本书的出版，能为正在进行连翘生产的地区及从业人员提供一些切实的参考价值，对规范和建立统一的中药材种植、采收、加工及检验的质量标准有一些实际的推动。

由于编者水平所限，加之编写时间仓促，不足之处在所难免，敬请广大读者及业内同仁批评指正。

编　者

2024 年 2 月

目录

第一章

连翘概述

连翘（*Forsythia suspensa*），又名黄花条、落翘，木犀科连翘属，是我国传统常用中药材，产量大、用量多、应用历史悠久。于秋季果实初熟略带绿色时采收、蒸熟、晒干，习称"青翘"；果实成熟时采收、晒干，习称"老翘"。气微香、味苦，具有清热解毒、消肿散结的作用。

连翘，作为药物记载最早见于《神农本草经》："连翘，味苦平。主寒热、鼠瘘、瘰疬、痈肿、瘿瘤、结热、蛊毒。"关于连翘的功效古代医籍中多有记载，如《药性赋》记有"连翘可以散诸经之热，可以散诸肿之疮疡"；《珍珠囊》记有"连翘之用有三：泻心经客热，一也；去上焦诸热，二也；为疮家圣药，三也"；清末张锡纯《医学衷中参西录》记有"连翘，具升浮宣散之力，流通气血，治十二经血凝气聚，为疮家要药。能透表解肌，清热逐风，又为治风热要药"。由此可见，连翘常为历代医家治疗外感风热和痈肿疮毒之良药。连翘也经常出现在防治疫病的良方之中，国家和各地方发布的防治疫病的中药防治处方中经常可以看到连翘，如连花清瘟胶囊以及银翘解毒片、双黄连口服液等诸多中药制剂，连翘更是其主要原料之一。因此，连翘不仅是一味"疮家圣药"，更是一味防疫要药。

连翘是我国常用的大宗药材和多种中成药的原料，根、茎、叶、果实均可入药。现代研究表明，连翘果实主要含桦木酸、连翘苷、连酚化合物、牛蒡子苷、罗汉松脂苷、松脂素、皂苷及黄酮苷类、木脂素类、三萜类等有效成分，具有清热解毒、消肿散结的作用，主要用于治疗外感风热、咽喉肿痛、痈肿疮疖、瘰疬，可散结泻火、消肿排脓、止痛利水。

另外，连翘叶可制作成茶类保健品；连翘花是最好的蜜源之一；连翘籽含油率达 25%～33%，可用于肥皂制造，还是绝缘油漆工业和化妆品的良好原料。进一步开发利用连翘具有深远的意义。

一、药用连翘的本草考证与道地沿革

（一）连翘基原沿革考证

连翘应用历史悠久，始载于《神农本草经》（又称《本经》）："连翘，一名异翘，一名兰华，一名折根，一名轵，一名三廉。"明代李时珍的《本草纲目》："【释名】连（《尔雅》）、异翘（《尔雅》）、旱莲子（《药性》）、兰华（《本经》）、三廉（《本经》）、根名连轺（仲景）、折根（《本经》）。恭曰：其实似莲作房，翘出众草，故名。"李时珍进一步解释："按《尔雅》云：连，异翘。则是本名连，又名异翘，人因合称为连翘矣。连轺亦作连苕，取《本经》下品翘根是也。唐苏敬《新修本草》退入有名未用中，今并为一。旱莲乃小翘，人以为鳢肠者，故同名。"

连翘异名"兰华"，《尔雅注疏》称"兰，连声近，花、草通名尔"，可能说明连翘以花入药。"折根"指断了的根。《本经》"连翘"条下引用郭璞注云"一名连苕，又名连本草"，指连翘根，意指连翘以根入药。"三廉"指连翘果实有三个裂，呈现"三个棱角"或"三个狭小的房子"的样子，表示连翘以果实入药。南北朝梁代陶弘景《本草经集注·下品下卷·连翘》记载连翘"处处有"，入药部位是"茎连花实也"。

唐《新修本草》记载："此物有两种，大翘、小翘。大翘生下湿地，叶狭长似水苏，花黄可爱，着子似椿实未开者，作房翘出众草；其小翘，生岗原之上，叶、花、实皆似大翘，而小细，山南人并用之。"以上描述应为藤黄科湖南连翘。

宋代《图经本草》中有 5 幅连翘图，其中"泽州连翘"果实先端开裂，很像木犀科连翘果实之开裂者。就分布地区而言，泽州在今山西境内，山西是木犀科连翘的主产地之一。"河中府连翘"与"兖州连翘"三小叶、单叶均有之，也应是木犀科连翘。

李时珍《本草纲目》所画的连翘和《图经本草》中"泽州连翘"近似。汪昂《本草备要》谓连翘"形似心，苦入心"，此处指药用果实，而非全草。黄宫绣《本草求真》记录"实为泻心要剂"，注解"连翘形象似心，但开有瓣"；从入药部位为果实，又提到开有瓣，当指木犀科连翘之老翘。

我国最早医药文献中所载的连翘，经考证为藤黄科金丝桃属黄海棠（又名湖南连翘）的全草，上自汉魏六朝，直至唐宋盛世，均以此为药用连翘之正品。木犀科连翘始自宋代，并逐渐成为全国药用连翘的主流品种。

（二）连翘基原变迁

1. 唐代的药用基原　　唐代早期著作，如约成书于公元 652 年的孙思邈所著的《备急千金要方》，引用了《本经》关于连翘的叙述，但尚无关于其药用植物的描述。稍晚成书的唐代大型官修药典《新修本草》明确记载了连翘的药用植物有大翘和小翘两种，并阐述了其形态及使用地区。山南人用小翘，且叶、花和果实皆入药使用；京下地区只用大翘的果实而不用茎、花。描述大翘的性状特征与藤黄科金丝桃属植物湖南连翘 *H. ascyron* 相似；小翘的特征与大翘相似，可能为湖南连翘 *H. ascyron* 的同属植物。唐代其他较为重要的著作中未发现关于连翘药用植物更为详细和不同的记述。可见，唐代连翘的药用植物基原应当为藤黄科金丝桃属植物湖南连翘及同属的多种植物，入药部位以果实为主，但叶和花亦可入药。

2. 宋代的药用基原 成书于公元 1061 年的宋代药学巨著《图经本草》，是集宋代以前历代药学大成之作。书中记载了两种连翘的药用植物，前一种完全符合木犀科连翘 *F. suspensa* 的特征，后一种与藤黄科植物湖南连翘 *H. ascyron* 为同属植物，如元宝草 *H. sampsonii* 和贯叶连翘 *H. perforatum* 有相似之处。《图经本草》所述被稍后的官修药物学巨著《经史证类备急本草》（简称《证类本草》）收录，论之更详，并将之发扬光大。如称连翘"椿实者，乃自蜀中来，用之亦胜江南者"，肯定了木犀科连翘的药用疗效。可见，宋代开始出现了木犀科植物连翘的记载，说明彼时藤黄科植物湖南连翘及同属的多种植物与木犀科植物连翘可同时入药。由此可以推断，宋代以前主要以藤黄科植物湖南连翘及同属的多种植物作为最早的药用连翘植物。

3. 明代的药用基原 明代《救荒本草》中关于连翘的记载与木犀科植物连翘 *F. suspensa* 基本相同，可以推断，其已取代了藤黄科植物湖南连翘及同属的多种植物。李时珍的《本草纲目》继承前人之说而有所发挥，其载："连翘状似人心，两片合成，其中有仁甚香，乃少阴心经、厥阴包络气分主药也。"强调了连翘以果实入药。有专家研究称，宋代以后，以木犀科连翘取代藤黄科植物湖南连翘等作为正宗连翘的主要原因是后者资源有限，而前者资源丰富且疗效可靠。《本草经集注》记载连翘植物"处处有"，说明南北朝时期所用连翘的药用植物资源比较丰富。

4. 清代以后的药用基原 清代汪昂的《本草备要》记载了连翘以果实入药。《中华人民共和国药典》*（2015 年版，一部）载"本品为木犀科植物连翘 ［*Forsythia suspensa*（Thunb.）Vahl］

---

* 《中华人民共和国药典》简称《中国药典》，余后同。——编者注

的干燥果实"，明确指出连翘以果实入药。可见，从明代至今，连翘的药用部位基本一致，即以果实入药。

综上可知，连翘首载于《神农本草经》，但随着历史变迁和本草记载，连翘的药用基原已完全不同。

笔者认为，宋代以前均是以藤黄科植物湖南连翘 *H. ascyron* 及其同属近缘植物贯叶连翘 *H. perforatum* 和元宝草 *H. sampsonii* 为正品药用连翘，似乎全草皆可入药。宋代以后，木犀科连翘 *F. suspensa* 开始使用并逐渐得到重用，也是目前国家药典规定的连翘品种。自清代以后，连翘仅以果实入药。

连翘资源分布广泛，目前主产区是太行山脉、太岳山脉、中条山和伏牛山等周边地区。1984 年国家中医药管理局出版的《七十六种药材商品规格标准》对连翘的标注为"青翘只山西省采收供应"。本草学家金世元教授在《道地药材—"黄金"图谱精粹》一书中指出，连翘"以身干、色黑绿、不裂口的青翘质量为佳，主产山西陵川、沁水、安泽、晋城、沁源等地，产量大，质量好，堪称道地药材。"目前，从主产区资源及历史收购的情况看，全国连翘商品资源分布集中，山西占 30%～40%，河南占 20%～30%，陕西占 15%～25%，其余产区占 20%～30%。

（三）功能主治

关于连翘的功能主治，历代论述颇多。

李杲云："连翘，十二经疮药中不可无此，乃'结者散之'之义。"

《本草经疏》云："连翘，《本经》虽云味苦平无毒，平应作辛，乃为得之。其主寒热、鼠瘘、瘰疬、瘿瘤、结热者，以上诸症，皆从足少阳胆经气郁有热而成。此药正清胆经之热，其轻扬芬芳之气，又以解足少阳之郁气，消其热，散气郁，靡不瘳矣。痈肿恶疮，无非营气壅遏，卫气郁滞而成，清凉以除瘀热，芬芳轻扬以散郁结，则荣卫通和而疮肿消矣。湿热盛则生虫，清其热而苦能泄，虫得苦即伏，故去白虫。"

《药品化义》云："连翘，总治三焦诸经之火，心肺居上，脾居中州，肝胆居下，一切血结气聚，无不调达而通畅也。但连翘治血分功多，柴胡治气分功多。同牛蒡子善疗疮疡，解痘毒尤不可缺。"

《本草崇原》云："连翘，主治寒热鼠瘘瘰疬者，治鼠瘘瘰疬之寒热也。（若）以寒热二字句逗，谓连翘主治寒热，出于神农之言，凡伤寒中风之寒热，一概用之，岂知风寒之寒热起于皮肤，鼠瘘之寒热起于血脉，风马牛不相及也。"

《本草经百种录》云："连翘气芳烈而性清凉，故凡在气分之郁热皆能已之，又味兼苦辛，故又能治肝家留滞之邪毒也。"

《医学衷中参西录》云："连翘，具升浮宣散之力，流通气血，治十二经血凝气聚，为疮家要药。能透表解肌，清热逐风，又为治风热要药。为其性凉而升浮，故又善治头目之疾，凡头疼、目疼、齿疼、鼻渊，或流浊涕成脑漏证，皆能主之。""按连翘诸家皆未言其发汗，而以治外感风热，用至一两，必能出汗，且其发汗之力甚柔和，又甚绵长。曾治一少年风温初得，俾单用连翘，一两煎汤服，彻夜微汗，翌晨病若失。"

《本草正义》云："连翘，能散结而泄化络脉之热，《本经》治瘰疬、痈肿疮疡、瘿瘤结热，固以诸痛痒疮，皆属于热，而疏通之质，非特清热，亦以散其结滞也。又心与小肠为表里，故清心之品皆通小肠，又能泄膀胱，利小水，导下焦之湿热。""近人有专用连翘心者，即其房中之实也，细而质轻，故性浮而专清上焦心肺之热，较之其壳在外，亦能通行经络，其用固自有别。然虽是心，而亦不坚实，若是竟谓能清心家实火，亦殊未必。"

连翘叶自汉代便被人们用于制作美容驻颜、延年益寿的茶饮。传说汉代有一官员出使北疆，途经太行，见一中年妇人手持木棒追打一白发苍苍之老翁。老翁疼痛难忍，跪地求饶，妇人仍不放手。

官员上前质问："因何追打老者?"妇人手指老翁问官员:"你道他是何人?"官员不解,反问道:"是你何人?"妇人曰:"我的儿子,我的老儿子。"官员更加疑惑不解,俯首问老者,老翁点头称是。官员遂恭敬地直视妇人:"您多大岁数?"妇人曰:"一百二十岁。""他呢?""八十岁。""这是怎么回事,看上去您比您的儿子还要年轻?"妇人答曰:"家有良茶,饮之二百日,身体光鲜,肤润如酥,久服延年,老者复少。他自幼拒饮,今已渐成老翁。若再不饮,必将早早死去,故打之。"官员离去时索要连翘茶秘方带回宫廷,并载入典籍。在涉县西北部的偏城,武安的西部山区还有这样的传说,清代乾隆皇帝出巡太行山,当地官员、士绅向他推荐连翘茶。乾隆喝了以后顿感心旷神怡,全身异常舒适清爽,便带了些连翘茶回宫给太后及后妃品尝,嫔妃们饮罢连连称赞,纷纷向皇上讨赏,于是乾隆皇帝当即下旨,将太行山连翘茶定为朝廷贡品,以供宫廷日常饮用。

二、连翘的种类

连翘为木犀科连翘属植物。木犀科中的 7 种连翘均属连翘属,为直立或蔓性落叶灌木;枝中空或具片状髓;叶对生,单叶,稀 3 裂至 3 出复叶,具锯齿或全缘,有毛或无毛,具叶柄;花两性,1 至数朵着生于叶腋,先子叶开放;花萼深 4 裂宿存;花冠黄色,钟状,深 4 裂,裂片披针形、长圆形至宽卵形,较花冠管长,花蕾时呈覆瓦状排列;雄蕊 2 枚,着生于花冠管基部,花药 2 室,纵裂;子房 2 室,每室具下垂胚珠多枚,花柱细长,柱头 2 裂;具长花柱的花,雄蕊短于雌蕊;具短花柱的花,雄蕊长于雌蕊;果为蒴果,2 室,室间开裂,每室具种子多枚,子叶扁平,胚根向上;染色体基数 $x=14$。

该属主要分布于我国河南、河北、山西、陕西等省,东北及西南地区也有分布。连翘的野生种类较多，全世界约有 11 种，除 1 种产于欧洲东南部外，其余均产于亚洲东部，尤以我国种类较多，现有 7 种，其中 2 种系栽培种，即连翘和狭叶连翘。

连翘 ［*Forsythia suspensa*（Thunb.）Vahl］，木犀科连翘属落叶灌木，原产我国和朝鲜，根据叶片的变异特征分为红叶连翘和卵叶连翘等。目前常见的品种有连翘、金钟花、美国金钟连翘、东北连翘、金叶连翘、卵叶连翘等。

（1）连翘 ［*Forsythia suspensa*（Thunb.）Vahl］。连翘常为落叶灌木或小乔木，高 2～4 米，茎枝开展或伸长下垂，稍带蔓性，常着地生根，小枝梢呈四棱形，淡黄棕色，皮孔明显，节间中空，仅在节部有实髓。叶对生，有时 3 裂或 3 小叶；叶柄具沟，长 8～20 毫米，叶片卵形或披针形，长 3～9 厘米，宽 2～4 厘米，先端渐尖，基部楔形，边缘有不整齐的锯齿，基部常无锯齿；上面绿色，下面淡绿色；网状脉，叶下面主脉侧脉常隆起。花先叶开放，1～5 朵叶腋对生或顶生，花柄长 4～6 毫米，常有苞片 2 枚；花萼合生，上部 4 深裂，裂片倒卵圆形，长 5 毫米，宽 4 毫米，绿色；花冠基部联合呈钟状，上部 4 深裂，裂片卵圆形，长 1.5 厘米，宽 1.0 厘米，金黄色。雄蕊 2 枚，着生于花冠基部，花丝长约 1.5 毫米，花药长约 2 毫米，呈箭头状，黄色，背着药，外向，纵裂；雌蕊 1 枚，花柱细，不同植株花柱长短各异：一种花柱较长，柱头高于花药；另一种花柱较短，柱头略低于花药，柱头均为 2 裂。子房上位，2 室，每室有多数胚珠，蒴果狭卵形或卵圆形，长 15～25 毫米，宽 5～10 毫米，两侧各有 1 条凸棱线，中央有 1 条凹沟，顶端尖，成熟时自尖端向外张开，似鸟嘴，基部有果柄或残痕，外皮黄棕色，有小颗粒凸起，2 裂。种子多数为长条形或半月形，长 6.4～7.5 毫米，宽 1.6～2.2 毫米，厚 1.2 毫米，表面黄褐色，腹面平直，背面突起，外延成翅状，在解剖镜下观察具网状突起。

（2）金钟花（*Forsythia viridissima* Lindl.）。又称细叶连翘、狭叶连翘。落叶灌木，高可达 3 米，全株除花萼裂片边缘具睫毛外，其余均无毛。枝棕褐色或红棕色，直立，小枝绿色或黄绿色，呈四棱形，皮孔明显，具片状髓。叶片长椭圆形至披针形，或倒卵状长椭圆形，叶柄长 6～12 毫米。花朵着生于叶腋，先于叶开放；花梗长 3～7 毫米；花萼长 3.5～5 毫米，裂片绿色，卵形、宽卵形或宽长圆形，长 2～4 毫米，具睫毛；花冠深黄色，花冠管长 5～6 毫米，雄蕊长 3.5～5 毫米，雌蕊长 5.5～7 毫米。果卵形或宽卵形，先端喙状渐尖，具皮孔；果梗长 3～7 毫米。花期 3～4 月，果期 8—11 月。

（3）美国金钟连翘（*Forsythia×intermedia* Zabel）。金钟连翘是连翘与金钟花的杂交种，半常绿灌木，性状介于两者之间，枝拱形，叶片椭圆形至披针形，有时 3 深裂或 3 小叶。花色金黄，早春开花，花期 3—4 月，生长旺盛，绿叶期限长，为美国园艺品种，耐修剪，适应性强，适宜作庭院观赏树种，丛植于草坪、角隅、岩石假山下、路缘、转角处、阶前等。

（4）东北连翘（*Forsythia mandschurica* Uyeki）。落叶灌木，高约 1.5 米；树皮灰褐色。小枝开展，当年生枝绿色、无毛，略呈四棱形，疏生白色皮孔；二年生枝直立，无毛，灰黄色或淡黄褐色，疏生褐色皮孔，外有薄膜状剥裂，具片状髓。叶片纸质，宽卵形、椭圆形或近圆形，先端尾状渐尖、短尾状渐尖或钝，基部为不等宽楔形、近截形至近圆形，叶缘具锯齿、牙齿状锯齿或牙齿，上面绿色、无毛，下面淡绿色、疏被柔毛，叶脉在上面凹入、下面凸起；叶柄疏被柔毛或近无毛，上面具沟。花单生于叶腋；花萼裂片下面呈紫色，卵圆形；花冠黄色，裂片披针形，先端钝或凹；果长卵形，先端喙状渐尖至长渐尖，皮孔不明显，开裂时向外反折。花期 5 月，果期 9 月。

（5）金叶连翘（*Forsyhia koreana* 'Sun Gold'）。落叶灌木，

高约 3 米，枝干丛生，枝开展、小枝黄色、弯曲下垂。叶对生，宽椭圆形或卵形，长 3～10 厘米，叶色黄绿色至黄色、枝叶较密。花黄色，1～3 朵生于叶腋，3—4 月叶前开放。果卵形，果期 7—9 月。

（6）卵叶连翘（*Forsythia ovata* Nakai）。落叶灌木，高 1～1.5 米，具开展枝条。小枝灰黄色或淡黄棕色、无毛，老时呈灰色或暗灰色，微具棱，具片状髓。叶片革质，卵形、宽卵形至近圆形，先端锐尖至尾状渐尖，基部宽楔形、截形至圆形，有时为浅心形或楔形，叶缘具锯齿，有时近全缘，淡绿色，两面无毛，下面叶脉明显凸起。花单生于叶腋，先于叶开放；花梗短，长 2～4 毫米，被芽鳞；花萼绿色或紫色；花冠琥珀黄色，裂片长圆形、宽长圆形或宽卵形，先端钝或略呈截形，或锐尖。果卵球形、卵形或椭圆状卵形，先端喙状渐尖至长渐尖，皮孔不明显，开裂时向外反折。花期 4—5 月，果期 8 月。原产朝鲜，在我国东北各地庭院也有栽培。

三、连翘资源分布

我国连翘野生资源丰富，分布范围广，北起山西左权，南至湖北郧西，西起陕西铜川，东至山东泰安，南北长约 700 千米，东西阔约 700 千米，区域面积达 50 万千米^2。其资源主要分布于我国山西省中南部（分布于太岳山、太行山中南部、中条山、吕梁山南部的长治、临汾、运城、晋城等地），河北省西南部（太行山中南部涉县、武安、磁县、峰峰矿区等地），河南省西部（伏牛山、熊耳山、崤山的卢氏、栾川、嵩县、洛宁、西峡、灵宝等地）和北部（太行山南部新乡、焦作、安阳等地），陕西省秦岭东段（商洛），以及晋陕黄土高原区域的群山峻岭之中，此外在湖北北部、山东部分地区也有零星分布。

连翘商品可分为青翘和老翘两种，目前市场以青翘为主流商品。

1. 产区分布　连翘主要来源于野生资源，据全国中药材资源普查统计，其蕴藏量约 2 000 万千克。在我国主要分布于：河南省的卢氏、灵宝、渑池、陕县、伊阳、沁阳、洛宁、辉县、修武、西峡、栾川、嵩县；山西省的陵川、沁水、安泽、晋城、沁源、古县、吉县、浮县、隰县、平陆、黎城、屯留、平顺、长子、阳城、垣曲、左权、武乡、沁县、闻喜、夏县、绛县；陕西省的黄龙、洛南、宜川、宜君、商南、韩城、黄龙、黄陵、商县、山阳、丹凤；河北省的涉县、武安、井陉、元氏；湖北省的郧西、老河口、应山；山东省的淄博、莱芜等地。其中以山西、河南和陕西分布最为集中。据《山西中药资源》记载，连翘野生资源丰富，蕴藏量达 600 万千克，年收购量达 155 万千克。山东虽然蕴藏大量野生资源，但采收量较少，资源未能得到充分利用。

我国连翘野生资源丰富、适应性强、分布广，对土壤、气候要求不严格，生于海拔 250～2 200 米的山坡、山谷、石旁、灌木丛中。野生连翘缺乏管理，在自然状态下，茎枝徒长，树形杂乱，内膛空虚，严重影响产量。人工造林会造成森林郁闭度增加，导致连翘失去种群优势，资源日益萎缩。因此，需要建立连翘自然保护区，通过间伐除掉其他杂乱灌木、清坡复垦、补植、修剪等野生抚育方式，恢复连翘种群优势，提高单位面积产量。

随着连翘野生资源减少和原料药材用量的增加，近年来人工种植连翘面积逐年增加。家种连翘由于水肥充足、管理得当，千果干重可达 250 克以上，干果亩*产可达 75 千克左右。在药企的带动下，连翘规范化种植基地逐渐增多，面积逐年扩大。目前河北涉

---

*　1 亩＝1/15 公顷。本书余后同。——编者注

县，山西安泽、陵川，河南卢氏等地连翘野生资源丰富、人工种植发展快，生产的连翘已被认定为国家地理标志保护产品。

2. 国内主要连翘生产基地

（1）涉县。涉县地处太行深山区，独特的地理位置、清新的气候和优美的自然环境蕴藏了连翘等丰富的道地中药材资源。2016年12月28日，国家质检总局发布公告对"涉县连翘"实施地理标志产品保护。涉县连翘产地范围为：河北省邯郸市涉县现辖区域。

据河北省食品药品检验院检测，涉县连翘含连翘苷 0.69%，是《中国药典》规定（不得少于 0.35%）的 1.97 倍；连翘酯苷 A 18.3%，是《中国药典》规定（不得少于 0.25%）的 73.2 倍，显微特征及水分检测符合 2020 年版《中国药典》的规定。

2015 年，涉县种植及野生抚育连翘面积达 15 万亩，其中连翘（干翘）产量 3 000 吨，年产值约为 1.8 亿元。

据史书记载，明代末期，涉县已有连翘药用记载，药用历史达 500 多年。2016 年，涉县连翘在河北省首届中药材产业发展大会上被评为河北省十大道地药材之一。

（2）安泽。安泽县位于山西省境南部，临汾地区东北、太岳山东南麓，总面积 1 967 千米^2。

安泽连翘，古称"岳阳连翘"，最早记载于民国《安泽县志》。1986 年，国家药典副主任委员、国家医药管理局局长宋谋甲在山西中药材收购表彰会上指出，全国连翘在山西，山西连翘在安泽，安泽连翘是正宗产品，以颗粒大、质量好、产量高享誉全国。2014年 12 月 13 日，国家质检总局批准对"安泽连翘"实施地理标志产品保护。

目前，安泽连翘全县种植总面积达 150 余万亩，包括裸露分布面积 90 万亩和林下分布面积 60 万亩，其中，裸露分布部分包括野生密集面积 54 万亩、人工栽植面积 11 万亩和零散分布面积 25 万亩。全县连翘年产量达 400 万千克，采收量可达 280 万千克，占全国总产量的 1/4，安泽素有"全国连翘生产第一县"之称。连翘在安泽境内分布甚广，集中分布在安泽县黄花岭、青松岭、三交沟、罗云沟等地。

（3）天水。天水市位于甘肃省东南部，地处陕、甘、川三省交界，地势西北高、东南低，海拔 1 000～2 100 米，市区平均海拔高度为 1 100 米。天水市属温带季风半湿润气候，年平均气温为 11℃。无霜期 185 天。最热月 7 月，平均气温为 22.8℃；最冷月 1 月，平均气温为－2.0℃。年平均降水量 491.7 毫米，自东南向西北逐渐减少。林区年降水量为 800～900 毫米，中东部山区雨量在 600 毫米以上，渭河北部不及 500 毫米。年均日照 2 100 小时，渭北略高于关山山区和渭河谷地，日照百分率 46%～50%，春、夏两季分别占全年日照的 26.6% 和 30.6%，冬季占 22.6%。极端最高气温 38.2℃，极端最低气温－17.4℃。

天水市的土壤以褐土、黄绵土为主，pH 为 7.6～8.2，属中性或微碱性土壤；土层厚度 45～120 厘米；土壤有机质含量 2%～4%，速效氮含量 2%～3%，有效磷含量 0.5%～2%，速效钾含量 2%～4%；土壤纹理结构垂直，具有多孔性，质地疏松，适宜种植连翘。

2018 年 2 月 12 日，中华人民共和国农业部正式批准对"天水连翘"实施农产品地理标志登记保护，保护的区域范围为天水市所辖秦州区、麦积区、清水县、武山县、甘谷县、秦安县、张家川县共计 7 个县（区）43 个乡镇，地理坐标为东经 104°35′—106°44′，北纬 34°05′—35°10′。

（4）卢氏。卢氏县地处河南省豫西伏牛山腹地，跨亚热带、暖温带两个气候带，属暖温带季风型大陆性气候，兼有南暖温带向北亚热带过渡的气候特征，春夏秋冬四季分明，春秋较短，冬夏较长。年平均日照时数为 2 118 小时；年均气温 12.6℃；无霜期

184 天；年降水量 634 毫米，与连翘喜温、喜光、耐寒、耐旱等生长特性相吻合。

卢氏连翘，又名空壳，俗称黄花条。2004 年 12 月 13 日，国家质检总局批准对"卢氏连翘"实施原产地域产品保护，保护范围为三门峡市卢氏县所辖东明镇、杜关镇、官道口镇、范里镇、五里川镇、官坡镇、朱阳关镇、双龙湾镇、文峪乡、横涧乡、汤河乡、瓦窑沟乡、双槐树乡、狮子坪乡、徐家湾乡、潘河乡、木桐乡、沙河乡共计 18 个乡（镇）342 个行政村，地理坐标为东经 110°35′—111°22′，北纬 33°33′—34°23′。

2004 年，卢氏连翘被国家认定为唯一野生保护基地和地理性标志产品。

2006 年，卢氏连翘年产量占中国连翘总产量的 1/4，国内行销 20 多个省份，外贸出口到日本、马来西亚、新加坡、泰国等地。

2017 年，卢氏县有连翘野生资源面积 90 万亩，其中适宜抚育的优质资源 40 万亩。全县种植面积累计达 6.4 万亩，中药材规范化种植规模累计达 4 000 余亩。2018 年，凭借野生连翘资源丰富的优势，通过专业种植、间作套种的方式大力发展连翘人工种植，打造出 5 个万亩基地和 34 个千亩基地。

卢氏县自古以来就有采集、炮制、使用连翘的传统。从 2012 年开始，卢氏县与河南农业大学、河南科技大学、河南中医药大学、河北以岭药业等科研院所、企业建立了密切的合作关系，组建科技研发团队，在文峪乡煤口村规划建设了卢氏中药材种植研究中心和卢氏连翘种植研究基地，确定了连翘生长规律研究、连翘种植管理新技术研究推广、卢氏连翘良种选育和卢氏连翘质量标准制定等研究课题，开展连翘种植管理技术研发试验，目前已全面完成卢氏连翘种质资源库建设，培育卢氏连翘优良品种 2 个。

（5）平顺。山西省长治市平顺县位于太行山南端晋东南盆地东南边缘地带，属温带大陆性季风气候，年均气温 9.1℃。年均日照时数为 2 196.7 小时，年均≥0℃的积温为 3 741.1℃，年均日照率为 58%。境内沟壑纵横、峰峦叠嶂、山大坡广、植被丰富、灌木丛生，山区面积占 85%。整体呈东南高、西北低，由东南向西北倾斜延伸之势，海拔 380～1 876 米，是连翘的优质高产区。

平顺县是典型的石灰岩区域，土壤类型多样，主要有山地褐土、淋溶性褐土和碳酸盐褐土。连翘主要生长在海拔为 800～1 500 米的半阳坡或阳坡疏灌木丛、林、草丛、山谷，或山沟疏林中排水好、富含腐殖质的沙壤土和砾土中。

2018 年 2 月 12 日，中华人民共和国农业部正式批准对"平顺连翘"实施农产品地理标志登记保护。2016 年，平顺连翘种植面积达 37 万亩，其中连翘野生抚育 20 万亩，年产量 1 000 吨左右。

（6）绛县。山西省绛县东南高峻，西北平缓，境内海拔多数处于 550～750 米，最高海拔 2 047 米（么里镇垣址坪村），最低海拔 481 米（南樊镇尧都村），山区面积占 67.5%，丘陵、台塬占 18%，平川面积占 14.5%，素有"七山二岭一分川"之称。绛县属大陆性季风气候，春季温暖干燥多风；夏季高温，日照充足；秋季凉爽，雨量充沛；冬季寒冷，雨量稀小。年平均气温 11.4℃，最冷 1 月，均温-4℃；最热 7 月，均温 25℃。年均降水量 630 毫米。霜冻期 10 月至翌年 3 月，无霜期 190 天，完全符合优质连翘生长所需的独特气候条件。

境内土壤以褐土为主，特点是土层深厚，质地细而均一，疏松多孔，通透性较好，多属中性微碱性土壤，pH 在 8～8.5 之间，适耕性强，特殊的土壤构造为连翘的生长提供了适宜环境。

2019 年 6 月 24 日，中华人民共和国农业农村部批准对"绛县连翘"实施农产品地理标志登记保护。

2003 年，绛县沸泉村开始种植连翘。2018 年，绛县沸泉村成立了沸秀农作物种植专业合作社,连翘种植面积 13 000 亩,年产量 1 800 吨。2019 年 4 月 8 日,绛县举办摺红连翘花赏花节。

(7)伏牛山。伏牛山连翘的产地位于河南栾川,横跨长江、黄河两个流域,属暖温带向亚热带过渡地带。伏牛山连翘是河南省洛阳市栾川县的特色产品,连年产量都在 1 000 吨以上,栾川县获"伏牛山连翘"原产地认证。

(8)上党。山西长治屯留县属上党地区,独特的地理环境造就其丰富的野生连翘资源和道地药材品质,上党连翘是山西长治屯留县的特产。当地民众喜欢用上党连翘来制作药茶,既可以作为人们茶余饭后的饮料,又可用于防病治病。

(9)辉县。辉县连翘是河南省新乡市辉县的特色产品。

(10)洛南。洛南连翘是陕西省商洛市洛南县特色农产品,2020 年 12 月,被农业农村部农产品质量安全中心列入 2020 年第三批全国名特优新农产品名录,并核发全国名特优新农产品证书。

洛南地处秦岭南麓,横跨长江、黄河两大流域,处于暖温带和北亚热带过渡地带,属半湿润型山地气候。洛南连翘主要分布在秦岭和蟒岭沿线的中山地带,在海拔 800~1 200 米的低山丘陵区。连绵大山、广袤森林,独特的地理和气候条件,赋予洛南良好的生态环境和丰富的连翘资源。目前,该地连翘种植面积、产量在全省、全市都占有重要位置,道地性比较明显。

四、连翘的价值与利用

连翘是中国独具特色和优势的大宗中药资源,在新型药品、功能食品、功能性卫生用品和化妆品以及生态保护、园林绿化和旅游观光等领域都具有重要的应用价值和广阔的开发前景。

（一）药用部位

从连翘入药部位来看，最早使用的是（湖南连翘）地上部分及根。至唐代，多用地上部分，也有单用果实的。宋代以后至今，包括 2015 年版《中华人民共和国药典》及《中药志》都是以木犀科植物连翘的果实入药。《中华人民共和国药典》（2020 年版　一部）规定，秋季果实初熟尚带绿色时采收，除去杂质，蒸熟，晒干，习称"青翘"；果实熟透时采收，晒干，除去杂质，习称"老翘"。青翘主要用于中药提取物的生产和中成药的制造，而老翘主要用于中药饮片。但是在青翘的炮制加工和提取过程中，由于其果梗、枝梗的比重和果实的比重非常接近，连翘不同部位不能得到有效地分离，导致以青翘为原料的中成药质量不稳定，临床疗效也受到一定影响。

关于连翘心能否入药，不同学者说法不一。《小儿卫生总微论方》《疮疡经验全书》《医学入门》及《本草原始》等书籍都有"去心"的记载。但在《本草纲目》《炮制大法》《本草蒙筌》等书籍中也有连翘"不去心"的记载。清代，除承古外，始以连翘心入药，如《温病条辨》中的"清宫汤"即是。可见古代连翘心入药的方式有去心、连心和单用心 3 种。《中华人民共和国药典》（2015 年版一部）在老翘的性状鉴别中明确提到"种子棕色，多已脱落"，这说明了老翘的入药包括老翘壳和部分种子。但在国家中医药管理局、中华人民共和国卫生部制定的药材商品规格标准中规定：连翘分黄翘和青翘两种规格，青翘为"间有残留果柄，无枝叶及枯翘、杂质、霉变"；黄翘为"间有残留果柄，质坚硬，种子已脱落，无枝梗、种籽、杂质、霉变"。这说明了标准中规定的老翘入药部位只是老翘的壳，不含有老翘的种子。老翘和老翘心，青翘和青翘心抑菌实验和毒性实验证明，壳、心区别不大，连翘无需去心。

梁文藻等通过抑菌实验研究表明，青翘（含种子）的抑菌效果优于老翘，并且连翘酯苷 A 在连翘种子中的含量远高于青翘和老翘。目前商品用老翘是去掉连翘心的，只用老翘的壳，连翘是否需要去心的加工方法还有待深入研究。

《中华人民共和国药品管理法》第十九条明确规定："调配处方必须经过核对，对处方所列药品不得擅自更改或代用。"同时中药生产企业的投料应符合 2015 年版《中华人民共和国药典》规定的要求，即以干燥的连翘果实入药，否则是违反《药品生产质量管理规范》（GMP）相关规定的。因此，以连翘叶代替青翘入药是非法的，尤其是连翘主产区的地方政府，应对农民和药商加强宣传教育，增强对连翘资源的保护意识，从源头制止连翘叶采摘用于中成药生产。

张杲等对不同采收期连翘叶中连翘苷、连翘酯苷 A 和芦丁的含量进行了测定，结果表明，各成分含量在 5、6 月相差不大。另外，各种物质含量在 9、10 月又有所回升，在资源短缺时，亦可考虑采集 9 月的叶片用于化学成分的提取。张淑蓉等对不同采收期连翘叶中活性成分的含量进行了研究，结果表明，连翘叶中连翘酯苷 A 和连翘苷含量在 6 月最高，以后逐渐降低，9 月下旬有所回升，之后又降低；芦丁含量则是 7 月最高，之后变化趋势同连翘酯苷 A 和连翘苷。因此连翘叶以 6—7 月采收为宜。

为避免较早采收叶片可能对果实造成不利影响，建议在采收连翘果之后再采收连翘叶，另外，亦可在 9 月下旬活性成分含量回升时采收连翘叶，以充分利用资源。王进明等对连翘不同部位（叶、果实、果梗、枝梗）连翘苷和连翘酯苷 A 的含量进行测定，结果表明，叶中连翘苷含量最高为 1.5%，分别是果实中连翘苷含量的 4.7 倍、枝梗的 5.6 倍、果梗的 6 倍；不同部位连翘酯苷 A 含量最高的同样为叶片，含量为 4.5%，分别是枝梗的 10.6 倍、果梗的 2.4 倍。因此，应加大连翘非药用部位的研究、开发和利用。2017 年 12 月 25 日，山西卫生和计划生育委员会及山西省食品药品监督管理局联合发布了《食品安全地方标准　连翘叶》(DBS14/001—2017)，这有利于连翘叶的深度开发和利用。

（二）药用价值

连翘是我国传统常用的中药材，也是我国"五大商药"之一，历史悠久，其药用价值早在《神农本草经》中就有记载。连翘的根、茎、叶、皮、果实、种子均可药用，尤其是果实，含有丰富的连翘酚、甾醇化合物、皂苷（无溶血性）及黄酮醇苷类、马苔树脂醇苷等，具有清热解毒、消痈散结、抑制细菌、抵抗病毒等作用，对医治感冒发烧等常见病症具有显著的疗效。因此，连翘成为连花清瘟胶囊、双黄连口服液、银翘解毒冲剂等中药制剂的主要原料，在我国医药学上应用广泛。

（三）观赏价值

连翘为落叶灌木，树高1～3米，基部丛生，侧枝开展或下垂，密集分布；单叶对生或羽状三出复叶，叶片卵形至长圆形，叶缘有锐锯齿或粗锯齿。花期4—5月，先花后叶，花色金黄，花期较长，花量极多，具有很强的绿化观赏价值，是我国北方重要的早春观花植物，在园林绿化中应用极其广泛。

连翘耐贫瘠旱薄地，易生长，可用作园林绿化、道路绿化，还可在房屋周围、亭台附近、墙边夹角、花篱周边等地广泛栽种，是现代园林难得的绿化优良树种。同时，连翘树姿挺拔、生长盛期非常旺盛，极适作观赏植物。连翘早春时开花先于长叶，开花量大，花朵密生于枝条，满枝金黄，艳丽可爱，是早春优良观花灌木。

（四）生态价值

连翘喜光，具有较强的耐寒、耐旱、耐瘠薄等特性，对土壤、气候条件要求不严，繁殖容易，适应性极强；根系发达，其主根、侧根、须根可在土层中密集呈网状，吸水和保水能力强。

根据有关研究，连翘根系主要分布于 0～12 厘米深的土壤中。连翘的吸水和保水能力强，每株主根 6～7 条，根的穿透深度为 90厘米左右，最长根可突破 290 厘米。连翘萌发力很强，每年可抽生3 次新梢，其中春梢最为旺盛，营养枝生长量可达 150 厘米。同时，侧根粗而长，须根多而密，可牵拉和固着土壤、防止土块滑移。连翘的树冠高度增加较快，能够有效减缓雨滴对地面的击溅，一定程度上缓解水土流失状况，还能有效阻挡大雨直接落至地面，缓解雨水侵蚀，水土保持作用显著，是荒山荒地水土保持和植被恢复的首选树种之一。

（五）其他价值

（1）连翘是一种独特的茶源。连翘茶口感清香、色泽清纯，内含有丰富的维生素 P，可降低人体血管脆性、通透性，具有防止溶血等功效。以连翘为原料制作茶，颜色亮丽、造型别致、气味独特、抗氧化功效明显。连翘未来可开发成新型天然抗氧化剂，应用潜力巨大。

（2）连翘是一种很好的蜜源植物。连翘花期长、花量大、花粉足、无污染，极适作为蜜源植物，在花期进行人工放蜂不仅能提高异花授粉率，也利于坐果。早春花开，色香沁腹，蜜蜂欣然而至，酿造蜂蜜。连翘蜜营养丰富、色清淡雅、香气宜人，给人们带来口味独特的享受。

（3）连翘是一种丰富的木本油料资源。连翘的种子可榨油，用于提取食用油脂，是重要的油料植物。连翘籽油气味独特、色香诱人，含有多种对人体有益的营养成分，是一种营养丰富的高档食用油。开发连翘籽实油源生产中高端产品的前景非常广阔。

（4）连翘枝条柔软，是优良的编织材料，可用于制作各种生活用具和手工艺品。

随着对连翘研究的不断深入，连翘还可用于食品天然防腐剂或化妆品的制作，以及作为天然黄色食用色素源，其应用场景越来越多样。可以说，连翘具有一树多能、一材多用、用途广泛、潜力巨大等优点。

因此，在国家大力提倡积极发展木本油料林、综合利用木本粮油的大形势下，开发利用木本连翘种子，充分利用我国丰富的连翘资源，对改善生态环境、提高人民生活水平、增加农民收入、促进山区生态经济协调发展，具有重要而深远的影响。

第二章

连翘生物学与生态学特性

一、植物形态特征

连翘为多年生药用植物,株高2～4米。枝节间中空,小枝略具四棱状,多数开展或伸长,少数枝条具蔓性,着地后易生根。叶柄长8～20毫米;叶对生,长3～9厘米,宽2～4厘米,呈圆形、卵形或长卵形,半革质,边缘具锯齿,基部阔楔形或圆形,先端渐尖。连翘是先叶开花植物,花期为3—5月,花芽分化始于5月中下旬,7月上旬结束,分长柱花与短柱花。花金黄色,腋生,长约2.5厘米;雌蕊1枚,子房卵圆形,雄蕊2枚,生于花冠基部。蒴果狭卵形略扁,先端有短喙,成熟时开裂2瓣。种子扁平,一侧有薄翅,棕色。

二、生长发育物候期

据任士福观察,连翘植株在不同地域和不同季节的生长发育周期有所差异。在河北省太行山区,连翘花芽萌动期多在2月下旬至3月上旬;花蕾期在3月上旬至4月上旬;花期在3月初至4月上旬,展叶期在3月中旬至4月中旬;叶幕形成、幼果出现及春梢生长等在4月下旬至5月下旬;生理落果期多在4月中旬至5月上旬;果实成熟期在8月下旬至10月中旬;落叶期在10月中旬至

11 月上旬；休眠期在 11 月中旬至翌年 1 月上旬。

三、生长发育习性

连翘喜光怕涝，具有耐寒、耐旱、耐贫瘠的特性，适生范围极广。连翘在排水和光照良好、土壤养分充足、pH 中性的沙壤土的条件下，生长良好，且开花结果多。在土壤水分含量高、阴湿地区，连翘枝叶徒长，开花结果量少。连翘在石缝和干旱阳坡亦能生长，经过耐寒锻炼，可耐受−50℃的低温。

连翘的萌生力极强，无论是平茬后的根桩，还是干枝都具有较强的萌生能力，可以较快地增加分株的数量，增大其分布幅度，形成灌木丛的骨架枝条。萌生枝上发出的短枝翌年开花结果，其上还可以继续发生芽的短枝，是开花结果枝条。萌生枝及其上发出的短枝构成了相对独立的结果枝组；连翘平茬后，根桩上的萌生力也极强；连翘的干枝也具有较强的萌生能力，干枝的基部和中上部均能发出萌生枝，长度达 1 厘米以上。平茬更新植株，第三年起干枝的中上部即开始抽生萌生枝。经统计，平均每个枝上有一年生的萌生枝 0.85 个。阴坡萌生枝的长度比阳坡、半阳坡萌生枝的长度大，但无论是萌生枝还是短枝，连年生长势均不强。萌生枝的年龄越小，短枝的长度越大，并随着年龄的增加，萌生枝上每年发出的短枝生长量逐渐减少，短枝数量也越来越少，并且由斜向生长转为水平生长。花果期气温高利于坐果，成果期需要较好光照条件。连翘年生长期为 270～320 天，下霜后即停止生长，一生要经过幼树期、初果期、盛果期、衰老期 4 个时期。

连翘的丛高和枝展幅度，不同年龄阶段的变化不大（表 2-1），由于连翘枝条更新快，加之萌生枝长出新枝后，逐渐向外侧弯斜，所以尽管植株不断抽生新的短枝，但其高度基本维持在一个水平。

连翘栽培与加工技术

表 2-1　连翘不同年龄阶段树体变化情况（来源：任士福）

项目	四至六年生	七至九年生	十至十二年生	十三至十五年生
丛高（米）	2.25	2.05	2.22	2.40
枝展（米）	1.70	1.60	1.73	1.67
干枝（枝/丛）	8.2	6.1	6.5	7.0

1. 幼苗生长习性　种子繁殖的幼苗，茎为棕色，子叶肉质，长椭圆形，长 8～10 毫米，宽 2～4 毫米。出苗后 10～15 天开始出新叶，幼苗真叶表面为绿色，背面为棕色，有茸毛，边缘有锯齿。出苗后一般 22～25 天开始长出第二对真叶，此时子叶脱落。春播幼苗，其优势植株当年苗高可达 95～98 厘米，一般株高可达 30～35 厘米。

2. 新梢生长习性　连翘萌生力极强，每年的春、夏、秋 3 个季节均不同程度地发生 3 次新梢抽生，均为棕色。春梢于 3 月下旬抽生，且数量较多，抽生整齐，生长迅速，是形成结果枝的主要枝条。经观察测定，4 月是结果枝生长最旺盛时期，5 月下旬便逐渐停止生长，而营养枝直到 6 月中旬才停止生长，且因树龄不同，其生长盛期略有差异。夏梢于 6 月中下旬抽生，且时间先后不一；夏梢多在植株上部枝条抽生，能形成侧枝结果，其生长期一直延续到 8 月下旬，且旺盛生长期多在 6 月下旬至 7 月中旬，其营养枝经 2 个月的生长可达 60～80 厘米。秋梢于 9 月上旬开始抽生，但抽生得极少，且枝梢较短，于 10 月上旬停止抽梢，其营养枝在秋季气温逐渐下降时，也能在 1 个月内生长近 20 厘米。

3. 开花物候期　连翘的开花物候期如表 2-2 所示。据任士福 2008 年对太行山区连翘的开花物候期观察发现，连翘的花期较长，且花期集中。初花期和盛花期较短，各为 2 天；末花期较长，达 15～19 天；谢花期 7 天左右。其中，短花柱型连翘的整个花期为 32 天，长花柱型连翘花期为 27 天。但长花柱型和短花柱型连翘开花物候期存在一定的差异，短花柱型连翘比长花柱型连翘的开花物

· 24 ·

候期早 2 天。

表 2 - 2 连翘的开花物候期（月/日）（来源：任士福）

材料	初花期	盛花期	末花期	谢花期
长花柱花	3/18—3/19	3/20—3/21	3/22—4/6	4/7—4/14
短花柱花	3/16—3/17	3/18—3/19	3/20—4/8	4/9—4/17

4. 花芽分化习性 据陈旭辉 2006 年在南开大学的研究，连翘花期为 3—5 月。花芽对生，着生于叶腋处。花芽分化始于 5 月中下旬，于 7 月上旬结束。整个过程可分为 5 个时期：未分化期、分化初期、花萼原基分化期、花冠和雄蕊原基分化期、雌蕊原基分化期。

（1）花芽分化过程。

①未分化期。5 月花落之后，连翘枝条上的腋芽开始萌动并抽出新梢，随着新梢的生长，新梢上各对生叶的叶腋处形成花芽，同时老枝上的叶腋处也长出花芽。新形成的花芽极细小，长约 1.5 毫米，呈三角锥形，外有鳞片包被。5 月中旬，观察到芽顶端为馒头状，该顶端周围不断产生对生突起，这些突起即为鳞片原基。

②分化初期。5 月下旬至 6 月初，随着新芽的不断生长和体积的不断增大，顶端逐渐由馒头状变得平坦。顶端分生组织周缘的细胞继续分化形成新的对生鳞片原基，先形成的鳞片原基发育成鳞片，这些鳞片互相抱合以保护幼嫩的生长点。

③花萼原基分化期。6 月上旬，在最内层的鳞片原基的内侧，平坦顶端的边缘开始产生萼片原基的突起。连翘的 4 个萼片原基是两两相对、成对分化的，萼片原基的分化表现出不同步性。

④花冠和雄蕊原基分化期。6 月上旬，在花萼内侧平坦顶端的四角产生 4 个花瓣原基的突起，4 个花瓣原基的分化表现出同步性且对称排列为一轮。几乎在同一时期观察到两个雄蕊原基的突起。6 月中旬可看到分化了的花瓣原基和雄蕊原基。

⑤雌蕊原基分化期。6 月下旬至 7 月中旬，刚产生的雌蕊原基

是两个略尖的突起，中间有一深裂，以后基部膨大愈合成一个子房并形成 2 室，顶端保持分离并发育形成球状柱头。

（2）雌雄蕊发育。连翘雌雄蕊发育紧随着花芽分化的完成而进行，中间没有休眠期。6 月下旬，花药原基四角隅处的细胞分裂速度开始加快，花药变成 4 个裂瓣的形状，并在每一瓣的表皮细胞下分化出胞原细胞。随着胞原细胞的不断分裂及分化，到 9 月上旬，形成花粉母细胞及完整的花粉囊壁。花粉母细胞明显比壁层细胞大，形状规则，排列紧密，细胞核大且位于中央。花粉囊壁包括 4 层细胞，从外到内依次是：表皮、药室内壁、中层和绒毡层。连翘的每个花药由 4 个花粉囊组成，分为两半，中间由药隔隔开。花药在花丝上的着生方式为底着药。

连翘既进行异花授粉，也进行自花授粉，但以异花授粉为主。经观察，连翘异花授粉的结实率较高，约占 34%，而自花授粉结实率较低，仅有 4% 左右，说明连翘的自花授粉结实性弱，故连翘最宜成片种植。连翘开花量大，是很好的蜜源植物。连翘开花期可人为放蜂，增加异花授粉的授粉率，从而提高连翘产量。

5. 结果习性　连翘结果较早，以种子繁殖的实生苗，出苗后约经 4 年的生长便开始结果；扦插或压条繁殖的植株，其开花结果时间比种子繁殖的植株提前 1 年；分株繁殖的植株，开花结果的时间更早，一般经 2 年生长便可结果。开始结果的幼龄植株结果较少，成年的植株结果较多，八至十二年生的植株处于结果盛期；十二年生以上的植株结果产量逐年下降。

连翘枝条的结果年龄较短，其产量主要集中在三至五年生枝条，五年生以后，每个短枝上的平均坐果数逐年降低，产量明显下降。树冠的不同部位结果量也不尽相同，树冠上部结果量多于中部，树冠下部几乎没有果实；树冠的阳面结果量多于阴面；树冠的外侧结果量多于内侧；同部位相比，阳坡、半阳坡结果量多于阴坡。

据宗建新 2022 年在涉县的研究，连翘果实为蒴果，从开始发育到成熟经历 206 天，划分为 7 个生育时期，分别为坐果期、幼果期、膨大期、定果期、绿熟期、黄熟期、完熟期，河北涉县各生育时期起始时间和果实形态特征见表 2-3 和图 2-1。

（1）果实生育时期的划分及形态特征。

表 2-3　连翘果实生育时期及形态特征（宗建新，2022）

生育时期	起始时间	形态特征
坐果期	4 月 10 日	完成授粉，果实开始发育，同时果实约小米粒大小，被花瓣遮挡
幼果期	4 月 20 日	花瓣凋落、柱头逐渐干枯，可见连翘果实被花萼包围
膨大期	5 月 15 日	花萼逐渐干枯，果实外表光滑、无麻点，快速膨大
定果期	7 月 10 日	果实呈卵状椭圆形，先端喙状渐尖，果实逐渐饱满，外表麻点逐渐增多
绿熟期	8 月 10 日	果实平均纵径达到 22.79 毫米，平均横径达到 9.38 毫米，果实饱满，生长停滞，外表麻点多
黄熟期	9 月 20 日	果实外表由绿色逐渐变为黄褐色，前段尖嘴处张开，可见果实内部种子
完熟期	11 月 1 日	果实全部张开，里面种子多数已脱落，外表变为黄褐色，果壳风化变薄

图 2-1　连翘果实生育时期

1. 坐果期　2. 幼果期　3. 膨大期　4. 定果期　5. 绿熟期　6. 黄熟期　7. 完熟期

（2）果实生长发育过程。在连翘果实生长发育过程中，不同时间连翘千果鲜重呈现显著增加又显著下降的动态变化。由表 2-4 可见，5 月 10 日连翘千果鲜重仅为 83.55 克，7 月 20 日千果鲜重

399.29 克,达最大值,5 月 10 日至 7 月 20 日,千果鲜重显著增加,日平均增长 4.45 克,7 月 20 日之后,连翘千果鲜重显著下降,9 月 30 日降至 317.35 克。不同时间连翘千果干重呈现显著增加、缓慢增加又略有减小的动态变化。5 月 10 日连翘千果干重仅为 18.57 克,5 月 10 日至 8 月 20 日,千果干重显著增加,日平均增长 1.14 克,之后增加缓慢,至 9 月 10 日千果干重 132.81 克,达最大值,8 月 20 日至 9 月 10 日,千果干重日平均增长 0.05 克;9 月 10 日后,千果干重略有减小,但无显著性差异。

表 2 - 4 不同时间连翘果实重量指标动态变化(宗建新,2022)

日期	千果鲜重(克)	千果干重(克)	折干率(%)
5 月 10 日	83.55±0.14o	18.57±0.40k	22.22±0.37n
5 月 20 日	128.86±0.16n	28.96±1.00j	22.47±0.76n
5 月 30 日	216.54±0.52m	49.78±0.19i	22.99±0.03m
6 月 10 日	320.80±0.08j	76.38±0.17h	23.81±0.05l
6 月 20 日	318.61±0.27k	84.26±0.20g	26.45±0.04k
6 月 30 日	351.96±0.14g	95.39±0.31f	27.10±0.08j
7 月 10 日	386.95±0.25d	110.27±0.27e	28.50±0.05i
7 月 20 日	399.29±0.35a	117.45±0.39d	29.41±0.07h
7 月 30 日	397.73±0.25b	124.29±0.45c	31.25±0.09g
8 月 10 日	391.77±0.20c	130.59±0.19b	33.33±0.03f
8 月 20 日	376.80±0.07e	132.22±0.12a	35.09±0.03e
8 月 30 日	362.74±0.17f	132.27±0.04a	36.46±0.01d
9 月 10 日	346.31±0.06h	132.81±0.04a	38.35±0.01c
9 月 20 日	329.66±0.40i	132.26±0.20a	40.12±0.04b
9 月 30 日	317.35±0.23l	132.23±0.17a	41.67±0.02a

注:不同小写字母表示差异显著($P<0.05$)。

(3)果实指标成分含量动态变化分析。由表 2 - 5 可知,不同时间连翘果实中连翘苷、连翘酯苷 A 含量均符合 2020 年版《中国药典》要求,随着采收期的延后,连翘苷、连翘酯苷 A 含量整体呈现显著降低趋势。5 月 10 日连翘苷、连翘酯苷 A 含量最高，分别达到 1.87%、17.89%，之后显著降低，9 月 30 日连翘苷、连翘酯苷 A 含量分别为 0.21%、4.59%，降至最低。

另由表 2-5 可见，挥发油从 6 月 30 日开始形成积累，含量仅为 0.22%，之后显著增加，至 8 月 10 日达到最高值，为 2.59%，8 月 10 日之后，挥发油含量呈不稳定且总体降低的变化趋势。

表 2-5　不同时间连翘中连翘苷、连翘酯苷 A 及挥发油的含量（宗建新，2022）

日期	连翘苷含量（%）	连翘酯苷 A 含量（%）	挥发油含量（%）
5 月 10 日	1.87±0.07a	17.89±0.14a	—
5 月 20 日	1.73±0.04b	17.60±0.16a	
5 月 30 日	1.58±0.04c	16.88±0.14ab	
6 月 10 日	1.52±0.05c	15.95±0.59b	
6 月 20 日	1.13±0.06d	14.73±1.00c	
6 月 30 日	1.02±0.06e	13.92±1.40c	0.22±0.02g
7 月 10 日	0.89±0.03f	10.31±0.67d	2.01±0.07f
7 月 20 日	0.81±0.05g	10.17±0.31d	2.11±0.03e
7 月 30 日	0.72±0.05h	7.83±1.00e	2.21±0.05d
8 月 10 日	0.60±0.08i	7.45±0.50ef	2.59±0.06a
8 月 20 日	0.58±0.07i	7.34±0.51ef	2.44±0.03b
8 月 30 日	0.41±0.02j	6.89±0.42ef	2.58±0.05a
9 月 10 日	0.34±0.02jk	6.66±0.57f	2.35±0.09c
9 月 20 日	0.29±0.01k	6.57±0.34f	2.56±0.02a
9 月 30 日	0.21±0.03l	4.59±0.16g	2.28±0.06c

注：不同小写字母表示差异显著（$P < 0.05$）。

6. 根的生长习性　连翘根系特别发达，实生根幼苗的根长为茎长的 2～5 倍。据观察测定，连翘的主根、侧根、须根在地下以"蜘蛛网状"密布于 1～50 厘米深度的土层内。1～15 厘米土层多为须根密布层，根系穿透的深度可达 80～100 厘米，并可穿透入岩石层的缝隙中。最长的根达 290.5 厘米，根粗 5 厘米，每株平均有主根 6 条，正是由于根系发达，形成了其耐旱、耐瘠能力。连翘植株既可提供药材产品，又有保护水土的作用，也可维护生态环境相对平衡，种植连翘可取得多种效益。

四、生态学特性

连翘适应性较强，对土壤、气候要求不甚严格，常生长于海拔250～2 200 米的坡地上，在腐殖土及沙砾土中都可生长，喜温暖湿润气候。从野生分布情况来看，其多生于阳光充足或半阴半阳的山坡，在阳光不足处，茎叶生长旺盛，但结果较少。连翘较耐寒，在黑龙江和伊春等地试验小苗均可安全越冬，未经过实生苗低温驯化的可耐受－16℃的低温，经过实生苗低温锻炼及驯化的可耐受－30℃的低温。适宜的生长温度为 20～25℃，喜湿润，要求土壤湿度 30%，怕涝。

连翘在干旱少雨和气温较低的地方也能生长，20 世纪 70—80年代先后在陕西北部的安塞和宁夏固原引种成功。陕西安塞引种区位于黄土高原森林草原地区，年平均气温 8.8℃，最高 36.8℃，最低－23.6℃；>10℃积温 3 171.2℃，无霜期 159 天；年平均降水量 549.1 毫米。宁夏固原引种区位于黄土高原森林草原向干旱草原过渡地区，年平均气温 7℃，最高 34.6℃，最低－28.1℃；>10℃积温 2 500℃，无霜期 140 天；年平均降水量 450 毫米，集中在7—9 月，占全年的 60%，春季干旱少雨。引种区与原产区的气候差异，主要在于干旱少雨和气温偏低，积温较小。造林后成活率高，生长快，且采用盘旋法造林，当年可由单株发展为株丛，能加快郁闭，保持水土。造林后第二年开始结实，第三、第四年平均每公顷产干果 1 084.5 千克，第五年产 1 618.5 千克，第七年可达2 670 千克，最高达 4 000 千克。

第三章

连翘生产技术

一、连翘繁育技术

(一) 组织培养

山西吴潇等利用组织培养技术开展连翘的快速繁育，以连翘含有 2 个腋芽的嫩茎茎段为外植体，最终利用方差分析筛选出最适宜连翘快速繁育的组织培养体系。

从春季品种纯正、生长健壮、无病虫害的连翘植株采集萌发抽生的一年生嫩枝，将剪取的嫩枝蘸取适量洗衣粉仔细清洗 2 遍，用流水冲洗后，放入无菌水中浸泡备用。将枝条切成 3～4 厘米长的含有 2 个腋芽的嫩茎茎段，放置在 70% 的酒精中消毒 30 秒，用无菌水冲洗，转入 0.1% 氯化汞溶液中消毒，然后接种到培养基上。

(1) 初代培养。接种 7 天，培养基上茎段开始萌芽生长。接种 21 天后，统计成活率超过了 70%。

(2) 增殖培养。接种 23 天后，培养基的植株再增殖培养成活率均超过了 70%。

(3) 生根培养。接种 7 天后，部分培养基上芽基部开始出现白色小突起；接种 27 天后，统计生根率，植株生根率较高，均超过了 80%。在该培养体系下，生根率达到 93.3%，平均根长达 9.7毫米。

（二）种子繁育

（1）种子的选择。一是选择已育成品种的母树。二是要尽量选择无病虫害的优良母树。于 10 月上中旬采收蒴果成熟饱满的种子，晾晒，去翅保存，除去秕粒、杂物保存待用，种子保存期不能超过一年。一般要求种子千粒重 4.5 克，每 10 米² 播种量 100 克，10 米² 产苗量 3 000 株。4 月初进行种子处理：用 0.5% 高锰酸钾溶液消毒 3 小时，30℃ 温水浸种 48 小时，捞出后混 3 倍河沙，置于 10～20℃ 室内，经常翻动，保持种沙湿度 60%，40 天后"咧嘴"种子占 1/3 时播种。

（2）播前苗圃整地。在选择好的向阳避风山坡地或平地上，深翻土一遍，拣去杂草、根杈、石块等，施足基肥，耙平整细，做成宽 1.3 米、长 6～7 米、高 16 厘米的畦。然后按行距 20～25 厘米开浅沟，沟深 3.5～5 厘米，并浇施清淡人粪水，再将种子均匀撒于沟内，覆薄细土，略加镇压，盖草。播后适当浇水，保持土壤湿润，15～20 天出苗，齐苗后揭去盖草。

（3）播前种子催芽处理。放到 30℃ 左右温水中浸泡 4 小时左右，捞出后掺 3 倍湿沙拌匀，装于木箱或透气的编织袋中，上面封盖塑料薄膜，置于背风温暖处，每天翻动 2 次，经常保持湿润，当 1/3 种皮裂口、胚根刚刚露出来的时候，即可播种。

（4）连翘种子雨季套播育苗。种子育苗的关键是保证种子处在湿润的土壤中，保持 10～15 天，才能正常出苗。但是，在北方旱作区一般达不到这样的自然条件，可选择雨季播种育苗，再借助高秆作物的遮阳作用，提高种子的出苗效果。于 7 月上旬，当地进入雨季和玉米秆遮住地面时，即可播种。

（5）选择雨后适墒播种。首先，选择排水良好、土层深厚、疏松肥沃的沙壤土，坡度低于 5°，低洼地、排水不畅的地块不宜种植。每亩施入腐熟的农家肥 3 000 千克、过磷酸钙 40 千克，深耕

25 厘米以上。其次，前茬作物可以选择小麦、玉米、谷子、大豆、芝麻等作物，不可选择甘薯、马铃薯等根茎类作物。一般选择宽垄密植的玉米田套播效果较好。玉米播种于 5 月上中旬，为了便于连翘套播，玉米种植采用宽行密植法，行距 80 厘米、株距 20 厘米，亩株数 4 000～4 200 株。玉米的田间管理可以按照常规管理，具体操作：一是玉米田喷施除草剂，这一操作要在 6 月 1 日前完成，确保与连翘播种间隔一个月以上；二是玉米施肥要提前至 7 月上旬前完成，连翘播种后一般不再施肥。

（6）连翘种子雨季套播育苗方法。先将玉米行间锄划一遍，起到除草和疏松土壤的作用，然后按照行距 25 厘米，划 3 行 1 厘米深的浅沟，把处理好的连翘种子均匀撒入沟内，覆土镇压即可。也可用机械耧播种，调好行距、出籽量，浅播镇压。每亩用种子 3～4 千克，播种后 10～15 天出苗。

连翘种子雨季套播田间管理如下。

一是及时疏苗与间苗。苗高 5～10 厘米时，及时疏苗、补苗，疏去过密苗，缺苗断垄处进行补苗。10 月上旬，苗高 20 厘米左右时进行间苗，间苗的原则为：留优去劣，留疏去密；间苗的对象是：病苗、伤苗、弱苗、过密苗。田间留苗间距为 6～8 厘米，每亩留苗 3 万～4 万株。间掉的连翘苗，可以分类另植养护。

二是及时除草。由于玉米田的除草效果和玉米的遮阴作用，一般田间杂草发生不严重，可根据具体情况进行除草，11 月越冬前，进行一次中耕除草，既除去玉米根茬，又防治越冬性杂草，翌年春季 4 月，连翘出芽前再进行一次除草。夏季随着连翘快速生长，封闭田间，不用再除草。

三是及时施肥。当年长出的幼苗，以氮肥、磷肥为主，少量施用，每亩施入 10 千克即可；之后，每年春季施入氮、磷、钾复合肥 20 千克，秋季施入氮、磷、钾复合肥 30 千克。

四是及时防治病虫害。由于育苗田间密度大，很容易发生病虫害。常见的病害是叶斑病，一是加强肥水管理，培养健壮的植株，提高抗病能力；二是喷 75%百菌清可湿性颗粒或者 50%多菌灵可湿性颗粒溶液，每 10 天喷 1 次，连续喷 2～3 次，可有效控制病情。常见的害虫是钻心虫，可将受害的植株剪除烧毁。

五是起苗出圃。一般的连翘种子繁殖育苗，需要 2～3 年才能形成壮苗进行移栽，但是，雨季套播育苗只需 2 年即可出苗。

（三）扦插育苗

扦插育苗可分为硬枝扦插、嫩枝扦插和芽枝扦插。

1. 硬枝扦插　硬枝扦插时间一般为越冬封冻前和春季开冻后。选择生长旺盛、枝条节间短而粗、花果着生密而饱满、品种纯正、无病虫害的三至四年生成熟树体为采枝母株，剪取一至二年生的健壮枝条，剪成长度 15 厘米左右的插穗，保留 3 节，上端剪成平口，距芽 2 厘米，下端剪成斜口，距芽 0.5 厘米。

扦插前先对插穗进行处理。将插穗分类按 50～100 枝捆成 1 捆，方向一致，将枝条下端浸入 500 毫克/千克的 ABT 生根粉或 500～1 000 毫克/千克的吲哚丁酸溶液中，浸泡 10 秒，埋入沙中，等待扦插。

扦插苗床一般深 40 厘米，去掉上层的耕作层，降低草害和病害发生概率，苗床宽 1～1.3 米，长度不限，依据地块而定。在床底填充 5 厘米厚的河沙或者过筛的新鲜炉渣，深翻 25 厘米，翻匀、拌细、整平。将浸泡后的插穗，按 5 厘米×5 厘米的株行距进行扦插，深度 10 厘米。插完之后要浇透水。

扦插苗床的管理如下：一般在苗床上搭简易的小拱棚，上面覆盖塑料膜，保温、防止水分散失；冬季下雪后，及时除雪，防止压塌拱棚；春季气温回升，棚内温度超过 25℃时，揭开棚膜通风降温。注意保持苗床湿润，每 10 天左右喷洒 1 次多菌灵 800～1 000 倍液进行消毒。当插穗开始萌发长出新芽时，插穗的根尚未长出，仍需继续管理；当新芽长到 10 厘米长，并快速生长时，插穗已生根，可以进行追肥管理。春季气温恒定后，揭去拱棚，浇水防止干旱。夏季雨水多，主要做好排水防涝工作。

由于插穗质量差异，连翘扦插繁殖成苗极不整齐，有的苗当年就能成苗，有的苗较弱，需要再管护 1 年，因此，于当年 10 月全部起苗，壮苗出圃移栽，弱苗另行分苗，管护 1 年再移栽。

2. 嫩枝扦插 一般是在连翘生长季节进行。

（1）采集扦插嫩枝。选择三至四年生、生长健壮的连翘植株作为母树，在夏季 6—7 月选取当年生的枝条，剪成 15～20 厘米长的插穗，注意下切口到插穗的底芽距离为 1 厘米左右。

（2）苗床准备。做深 40 厘米、宽 1～1.3 米、长度视地形而定的苗床，同时用高锰酸钾溶液对苗床喷施。

（3）插穗处理。将做好的插穗在 200 毫克/千克萘乙酸溶液中速蘸 1～2 分钟。

（4）扦插。将插穗按间距 10 厘米插于苗床上。

（5）塑料拱棚覆盖。用竹竿在苗床上搭成间距 20 厘米左右的拱棚支架，随后覆上塑料膜，在上方搭上遮阳网，塑料拱棚周围用土密封好，苗床始终保持温度 25～28℃，相对湿度 80% 以上，1 个月后可掀棚。覆盖后期减少喷水次数、减小苗床相对湿度进行炼苗，使生出的新根木质化，同时使幼苗逐渐适应外界环境，苗根生长健壮。

3. 芽枝扦插 一般是在设施塑料温棚内进行。为提高连翘扦插效率，笔者团队试验成功连翘芽枝扦插快速繁育技术，用一节只带有一对叶芽、长度不足 5 厘米的连翘枝条即可快速育成一株连翘苗。

芽枝扦插育苗的优点有以下 5 个方面。

（1）插穗短，可形成批量生产。常规育苗采用长度为 10～30

厘米的枝条进行扦插，入土较深，芽枝扦插采用一组芽枝，芽枝长3～4厘米，不用铁棍或筷子先打孔，直接扦插即可，节省了插穗和用工，增加了插穗量，每人每天可扦插2 500～3 000个芽枝，形成批量生产。

（2）育苗周期短。扦插育苗在5—6月都可进行，7月进行扦插，芽枝扦插从育苗到移入圃地时间为2.5个月，比常规扦插育苗提前5～6个月。

（3）育苗成活率高。芽枝扦插是建立结果树形后移植。扦插当年大棚育苗2.5个月，8—9月移入圃地，并进行冬剪，第二年5—8月进行2～3次夏剪，形成有2～3级分枝的合理结果树形。

（4）早开花早结果。从5—6月大棚扦插育苗，当年8—9月移入圃田；第二年通过连续2～3次夏季修剪，促进花芽分化与形成；第三年即可开花坐果。而常规扦插移入大田定植后3～4年才能开花结果，芽枝扦插可提早开花结果1年以上。

（5）有利于优质资源保护。对于优质野生连翘资源，可采用大棚芽枝快繁育苗技术进行保护，保持原有物种特性，使原株的各种优良特性都能在新株中体现出来。一方面可以保持选育连翘优良品种性状；另一方面可以对濒临灭绝优质野生连翘资源进行保护，恢复优良野生种群。

芽枝扦插的技术要点有以下4个方面。

（1）苗床及芽枝准备。

①苗床准备及消毒处理。建设拱形育苗温棚，棚宽8～9米、长150～200米，大棚两侧距地面0.4米高度处留1米高放风口。棚内建设4条育苗苗床，床宽1.2～1.4米，中间留40～50厘米宽的排水沟，底层采用20厘米厚度鹅卵石，上覆20厘米厚的河沙，最上层为15～20厘米厚的草炭土。棚顶安装自动控温喷水设施，设置最高温度为37.6℃，当棚中温度达到37.6℃时，开始喷淋降温，保持棚内湿度，喷头安装3排，间隔2米，以保证棚内喷水全

覆盖。扦插前 2 天，苗床用石硫合剂进行喷雾消杀处理，石硫合剂和水的配比为 1∶10，并用水浇透苗床。

②采集插穗。采穗时间选择 5—6 月，以阴雨天气最佳。选择生长健壮、生活力强、无病虫害的壮龄母树上的当年生半木质化枝条，选用直径 0.4~1 厘米、穗条发育良好、有饱满芽的枝条制作插穗。

③插穗准备。穗条采集后，随即制作插穗，以一组芽为一个插穗，进行剪取，插穗长 3~4 厘米，每个插穗带一组健康叶、一组饱满芽，上下剪口要平，上部剪口距芽眼 5 毫米，下端剪口距芽眼 3 厘米。

④插穗蘸根处理。要随插随剪，剪下的插穗泡于配制好的溶液中。浸泡溶液采用 ABT-6 号生根粉，处理浓度以 300~500 毫克/千克为宜，浸泡枝条基部 0.5 小时后进行扦插。

⑤扦插插穗。将浸泡后的插穗立即插入育苗床，扦插密度以株距 3 厘米、行距 5~7 厘米、叶片不重叠为好，深度以芽基入土为宜。如果出现叶片重叠，可以去掉 1 片叶，只保留 1 片叶即可。扦插后立即喷水，第一次喷水要使草炭土层全部湿透，插穗和基质紧密结合。

（2）棚内育苗。

①扦插后棚内温湿度管理。大棚内采用自动控温喷水设备，温度高于 37.6℃时，自动喷水；湿度低于 80% 时自动喷水，高于 90% 时自动停止喷水。扦插后 20 天内，要保证基质湿润不积水，棚内保持湿度 80%~90%，气温 30~36℃，地温 25~30℃。

②棚内施肥管理。插穗生根前，不需要施肥，做好消杀工作，一般 10~15 天愈伤组织形成，15~20 天开始生根。大棚两侧膜根据棚内外温度调节风口大小，一般在霜降之后晚扣棚早揭膜。在连翘苗一芽三叶时，发现叶片发黄及时喷施氮肥或磷酸二氢钾叶面肥，氮肥喷施的浓度为 0.2%，磷酸二氢钾喷施浓度 0.1%，每亩

喷施尿素 120 克或磷酸二氢钾 60 克，叶片不发黄一般不喷施。扦插后 1.5 个月，根长 20 厘米以上，苗高 15 厘米以上，便可移入圃田炼苗。

（3）圃田炼苗（当年 8—9 月至第二年 10—11 月）。

①圃田准备。选择背风向阳、地势平坦、通风良好、具有灌溉条件，以及土层深厚肥沃、排水良好的壤土或沙壤土作为育苗地移栽，对圃地进行深翻，并结合深翻亩施复合肥 50 千克和充分腐熟的有机肥 2 000～3 000 千克，整平做畦，畦宽 2 米。

②移植密度。移植前准备：8—9 月，连翘苗根长 20 厘米以上、茎高 15 厘米以上，便可移入圃田。移植前 3 天浇透水，并揭膜炼苗。起苗要求：起苗要达到一定深度，少伤侧根、须根，保持根系完整，不损伤顶芽和根皮。移植要求：按苗大小分类移植，在圃田内顺畦按 40 厘米行距，挖 20 厘米深沟，将连翘苗放入沟内，株距 20 厘米，以植株原植深度与圃地地面平齐覆土，覆土后浇一遍透水。移植后保持土壤湿润，旱期及时沟灌或浇水，雨季要开沟排水。

（4）圃田管理。

①冬前修剪。当年 10 月下旬至 11 月上旬，连翘落叶后将连翘苗离地面 5～10 厘米处茎部剪去，培土越冬，并浇越冬水。

②返青期管理。翌年 3 月土壤解冻，要及时浇一次返青水。4 月开始从根部抽生多条新枝，只保留 3～4 条健壮新枝，其余枝条去掉。

③夏剪管理。5 月底至 6 月初，当新枝高度达到 1 米以上时，在离地 80 厘米处剪去顶梢，培养形成主干，促进主干上部抽生侧枝。8 月中下旬，选择 3～4 个发育充实的侧枝，剪掉枝条的 1/2～2/3，形成一级主枝。至此，就形成多主干型连翘成型苗，可以进行大田移栽和结果期管理。

④肥水管理。生长期要保持土壤湿润。给连翘施肥应选在春秋季和冬季。春秋季要每隔 15～20 天施一次复合肥液；冬季要施腐

熟的有机肥；夏季停肥。

通过芽枝扦插技术，一年一个占地一亩的大棚可以完成 3 茬 20 余万株优质连翘苗的繁育，不仅使育苗成活率提高到 95%，更可以实现连翘苗的快速繁育。

（四）压条繁殖

连翘萌发能力很强，夏季新枝徒长很快，可长到 3～4 米的长度。枝条弯曲与地面接触，加之雨季土壤湿润，枝条与地面接触部位能生出新根，长成一个新的植株。因此，人工压条繁殖就是选择连翘分布密集山区或人工栽植连翘园，将枝条人为刻伤，压入土中，待枝条生出新根后，切断其与母树的联系，使其独立成长为新的植株，进行移栽。

春季将母株下垂的枝条弯曲并刻伤后压入土中，地上部分可用竹根或木权固定，覆上细肥土，踏实，使其在刻伤处生根。当年冬季至翌年春季，将幼苗截离母株，连根挖取，移栽定植。冬季要做好防冻准备，如在其上覆盖杂草或塑料膜等，确保安全越冬。

（五）分株繁殖

连翘萌发力极强，在植株的根际每年都萌发多个根蘖苗。在秋季落叶后或早春萌芽前，选取品种纯正、性状优良的植株，待植株根际的根蘖苗形成自己的根系后，断开其与母株的联系，单独挖取，另行定植，成活率达 99.5%。采用此法关键是要让每个分出的小株都带一点须根，这样成活率高、见效快。

二、种植技术

（一）选地

连翘为深根性植物，耐旱耐瘠薄，其根系发达，入土较深，喜肥，怕积水。种植地应选择土层深厚、疏松肥沃、腐殖质含量高、排水好的熟地，以中性土壤为佳。在前茬作物收获后，及时浅耕，使土壤风化。新开垦的山冈、荒薄地，应注意增施有机肥料。种植前再翻耙 2 次，整地宜在秋后进行，以改善土壤理化性状，每穴施腐熟厩肥或土杂肥 20～30 千克，并掺施三元复合肥 0.25 千克。

（二）定植

冬季落叶后至早春萌发前均可进行定植。先在选好的定植地上，按株行距 1.5 米×2 米挖穴（每亩定植 222 株），穴径和深度各 70～80 厘米，将表土填入坑内，达半穴时，再施入适量厩肥（每穴约 5 千克）或堆肥，与底土混拌均匀。然后，每穴栽苗 1 株，分层填土踩实，使根系舒展。栽后浇水，水渗后，盖土高出地面10 厘米左右，以利保墒。连翘属同株自花不孕植物，自花授粉结实率极低，若单独栽植长花柱或短花柱连翘，均不易结实。因此，定植时要将长、短花柱的植株相间种植，才能开花结果，这是增产的关键。

（三）管理

（1）间作、中耕除草。连翘定植后到生长旺盛形成田间郁闭，一般需要 5～6 年时间，在郁闭前的 4 年内，要根据整地情况进行间作和中耕除草。若是全面整地，则应在植株行间种植农作物、蔬菜或牧草，一般以豆科矮秆作物为主，做到用地养地相结合，同时提高经济效益，增加收入。通过对这些作物的肥水管理来代替中耕，以促进苗木生长。若是局部整地，在定植后的1～2 年，可于 4 月、6 月和 7 月中下旬在原整地范围内除草、松土各 1 次，第三年和第四年可减少 1 次，仅在 5 月和 7 月中旬各进行 1 次。

（2）追肥排灌。连翘怕积水而耐旱力较强。植株成活后一般不需要浇水，但幼苗期和移栽后缓苗前，天旱时需要适当浇水。苗期勤施薄肥，也可在行间开沟，每亩施硫酸铵10～15千克，以促进茎、叶的生长。定植后，每年冬季结合松土除草施腐熟厩肥、饼肥或土杂肥，用量为幼树每株2千克、结果树每株10千克，采用株旁挖穴或开沟施入，施后覆土，靠根培土。有条件的地方，春季开花前可增加施肥1次。雨季要开沟排水，以免积水烂根。第四年以后，植株较大，田间郁闭，为满足连翘生长发育的需要，每隔一定时间（一般是4年），深翻地1次，每年5月和10月各施肥1次，5月以化肥为主、10月以土杂肥为主，每株施复合肥0.3千克，优质土杂肥每株施20～30千克，于根际周围沟施。必要时，在开花前喷施1%过磷酸钙水溶液，以提高坐果率。

（四）整形修剪

（1）自然开心型。定植后，幼树高达1米左右时，于冬季落叶后，在主干离地面70～80厘米处剪去顶梢。再于夏季通过摘心多发分枝，在不同的方向选择3～4个发育充实的侧枝，培育成为主枝；以后在主枝上再选留3～4个壮枝，培育成为副主枝；在副主枝上，放出侧枝。通过几年的整形修剪，使其形成低干矮冠、内空外圆、通风透光、小枝疏朗、提早结果的自然开心型的树形。同时于每年冬季，将枯枝、重叠枝、交叉枝、纤弱枝以及徒长枝和病虫枝剪除；生长期还要适当进行疏除短截。每次修剪之后，每株施入火土灰2千克、过磷酸钙200克、饼肥250克、尿素100克，于树冠下开环状沟施入，施后盖土，培土保墒。对已经开花结果多年、开始衰老的结果枝群，要进行重剪（即剪去枝条的2/3），可促使剪口以下抽生壮枝，恢复树势，提高结果率。

（2）灌丛形。扦插是连翘繁殖的主要方法，也是今后发展的方向。扦插需要插穗资源，灌丛形修剪可为其打好基础。定植的第二年早春，在选好作为扦穗培养的地块上，将植株在离地面 20～25 厘米处剪去上端。春季气温上升，根系开始活动，贮藏于根部的营养向上输送，集留于短小的树桩内，刺激隐芽萌发，通常可发出 6～8 条枝，此为一级枝（骨架枝）。在加大肥水管理的情况下，枝条生长很快，当其长至 25 厘米左右时，摘去顶芽，促发二级枝；每条一级枝上，可萌发 10 条以上二级枝，这些枝条就可作为当年秋季或第二年春季扦插的材料。以后采穗，则是采集在二级枝上萌发出的三级枝或四级枝。

（五）病虫害及其防治

（1）主要病害防治。连翘对环境条件适应能力较强，大都分布在混交林中，因此较少发生病害，主要发生的是叶斑病。连翘的叶斑病由半知菌类真菌侵染所致，病菌首先侵染叶缘，随着病情的发展逐步向叶中部扩展，发病后期整个植株都会死亡。此病 5 月中下旬开始发生，7—8 月为发病高峰期，高温高湿天气及密不通风的条件利于病害传播。

主要防治方法如下：

①种植连翘时要加强水肥管理，注意营养平衡，不可以偏施氮肥；蓄水保墒，增强树势。

②注意修剪，疏除冗杂枝、过密枝，保持植株通风透光；清除病叶、病枝，并集中烧毁或深埋。

③如果发现连翘患有叶斑病，可以喷施 75％百菌清可湿性颗粒 1 200 倍液或 50％多菌灵可湿性颗粒 800 倍液进行防治，每 10 天用 1 次，连续喷 3～4 次可有效控制病情。

（2）主要虫害防治。目前国内外对连翘的研究基本局限于生物学特性、栽培技术及药用价值方面，对于危害连翘的虫害种类未作详细的报道，据肖培根、杨世林等人报道，连翘由于其中药材的特性，具有一定毒性及刺激性的气味，因此很少有害虫的危害。目前报道的害虫种类有桑天牛、蜗牛、蝼蛄、蛴螬、钻心虫等。

①桑天牛。可采取人工防治与药剂防治相结合的方法。因成虫羽化后 10～15 天才开始产卵，白天不太活动，故易于捕杀。可在 6 月中旬后，每隔 10 天捕杀 1 次（特别应注意成虫盛发期的雨后出孔最多），连捕 2～3 次，可收到良好效果。春秋两季是药剂防治幼虫的关键时期。可用 90％敌百虫 50 倍液，用兽医注射器将药剂注入新排粪孔；或用药棉浸渍上述药剂 5～10 倍液，塞入蛀洞内，亦可用 56％磷化铝片剂，分成 10～15 小粒，每一蛀洞内塞入 1 粒，然后用黏泥或小枝条塞孔。施药后清除树下虫粪，数日后检查地面，如有新虫粪出现，应及时进行补治，并剪除和烧毁被害枝。

②蜗牛。可采取人工防治与药剂防治相结合的办法。彻底清除杂草、石块等蜗牛栖息活动场所，可在清晨撒石灰粉防治或人工捕杀。人工捕杀要在清晨、阴天、雨天或雨后进行，或在排水沟内堆放青草诱杀。蜗牛密度达每平方米 3～5 头时，每公顷用 50％辛硫磷 2.5 千克拌细土 15 千克撒施，或混合喷施 1％甲氨基阿维菌素苯甲酸盐和 48％毒死蜱乳油 1：1 的 0.1％浓度的溶液。

③蝼蛄。施用充分腐熟的有机肥料，可减少蝼蛄产卵。做苗床前，每公顷以 50％辛硫磷颗粒剂 375 千克用细土拌匀，搅于土表再翻入土内。用 50％辛硫磷乳油 0.3 千克拌种 100 千克，可防治多种地下害虫，但不影响发芽率。

④蛴螬。用 50％辛硫磷乳油每亩 200～250 克，加水 10 倍喷于 25～30 千克细土上拌匀制成毒土，顺垄条施，随即浅锄，或将该毒土撒于种沟或地面，随即耕翻或混入厩肥中施用。

⑤钻心虫。5 月中旬用紫光灯诱杀钻心虫的成虫，6 月上中旬人工抹去钻心虫所产的卵，7 月上中旬如发现茎秆上有钻心虫的粪便，可用 80％敌敌畏原液棉签堵塞蛀孔毒杀。冬季清除枯枝落叶和杂草，消灭越冬虫卵，及时剪除受害枝条并烧毁。

（六）建园早期管理技术

太行山区是连翘主产地之一，也是连翘的道地产区，野生连翘资源十分丰富，多分布在海拔 300～1 800 米山坡深谷中，多以小群落自然分布于山坡灌丛。近年来，以连翘为主的药品较畅销，带动连翘产业快速发展，各地在绿化荒山的同时，也把发展连翘产业作为农民增收、乡村振兴的新型产业，出现了园区化的连翘种植基地，但是想把野生连翘建成以增加收入为目的的现代种植园区，需要格外注意建园的早期管理，现将近几年来太行山区连翘种植基地的早期建园与管理技术介绍如下。

（1）规范建园。连翘耐寒、耐旱、耐瘠，对气候、土质要求不高，但以在阳光充足、深厚肥沃而湿润的立地条件下生长较好。过去人们都认为连翘适宜在阴坡生长，但其实阳坡也可以，只是阳坡受水分限制，在干旱的阳坡，连翘开花和结果初期常常受到干旱制约。

在建设连翘种植基地的园区，连翘种植应成方连片，中间插花或调茬的其他作物栽培面积不超过 10%。宜选择在背风向阳的山地、丘陵缓坡地建园，且远离交通干道 100 米以上。种植时不管坡堰、平地，都要横竖成行、左右成线，确保示范效果。

连翘耐旱不耐涝，建设连翘种植园：一要具有良好的排水系统，如旱作耕地、农村二类地、三类地、梯田地或山坡地；二要克服野生连翘种质资源混杂、结果性不一致的问题，选择现代科技手段育成的新品种，如河北省农林科学院药用植物研究中心育成的冀翘 1 号，河南农业大学与卢氏县合作选育的卢翘 3 号等，与野生连翘相比，以上单位育成的连翘结果率高、产量高。

（2）繁殖育苗。连翘繁殖方式有扦插、压条、分株、种子育苗等，在生产上，大量培育连翘种苗时多以扦插繁殖和种子繁殖为主。

目前，连翘的种子育苗多是利用野生条件下的种子来繁殖育苗的。连翘属于异花授粉，其种子育苗会有后代分离现象，造成种苗的性状整齐不一，所以现在一般选择无性扦插育苗。

无性繁殖的扦插育苗可分为嫩枝扦插（也称为绿枝扦插）和硬枝扦插。

绿枝扦插是选择成熟度较高的枝条，剪成长约20厘米，上部保留3～5片叶的插穗，浸蘸300毫克/千克的萘乙酸溶液30秒左右，扦插于沙土之中，扦插深度约5厘米，前20天喷雾，保持空气相对湿度90%以上，扦插30天左右生根，减少喷水时间，开始炼苗，炼苗30天左右可进行大田移栽。

硬枝扦插选择的插穗长度一般为15～20厘米。采取条沟拱棚育苗，灌水罩棚后，直到插穗生根前，约30天，拱棚基本不打开，中间检查，缺水后补水；或条沟内摆放营养袋，袋装苗每袋1株，袋装苗生根炼苗后直接进行大田移栽。

近年来，为了提高繁育速率还研发出芽枝扦插快繁育苗技术，即通过选取一个芽枝繁育一株种苗，这种方法操作简单、繁殖速度快，成品率高达98%，可用于规模化生产，可重复性好，具有很好的市场前景。

（3）选择种苗。有了优良的品种，在种植时，还要选择优质种苗。优质种苗要具备以下几个要求：一是具有完好而庞大的根系；二是要求根茎处的直径≥0.8厘米，植株高度≥80厘米；三是种苗色泽正常，无损伤，无病虫。

（4）科学定植。

①合理确定种植时间。春季定植宜于土壤解冻至萌芽前进行；夏季定植可选择雨季进行；秋栽于土壤结冻前，最好在雨季或秋后落叶栽植，保证成活率95%以上。

②合理密植。一般大面积集中种植，株行距2米×3米，即每亩种植110株左右。种植时按株行距挖坑，坑内先施入适量完全腐

熟的厩肥，与土拌匀后栽苗。每穴 1 株，分层填土，提苗、踏实、灌水。水渗后再覆土至略高于地面。定植后达到整个示范方成一体规格，不论坡堰、平地，形成一条线的格局。

（5）田间管理。园区管理的关键是早修剪，主要包括冬剪、夏剪和秋剪。冬剪的目的是建造良好的树形，时间掌握在秋后霜降至春季惊蛰之前；冬剪要狠，去掉无用的杂乱枝条。夏剪的目的是促进花芽分化，夏剪要勤，当分出的枝条长度达到 30 厘米左右，及时掐尖，时间掌握在每年的 5 月下旬至 7 月上旬，即每年小满至小暑节气之间，以促进结果枝和花芽形成。秋剪即连翘采摘后对秋生赘芽的修剪，以促进生殖生长与营养生长。

①定植当年（第一年）冬剪塑株形。秋冬移植即平茬，养根蓄势促春季早萌发。株高 80 厘米时早定干，进入 5 月下旬之后的枝条旺盛生长时期，尽早夏剪掐尖促进花芽分化，以做到 2 年培育理想株形，3 年开花见果。

当年定植的要进行冬剪平茬，平茬一般要在秋季落叶后进行，将停止生长或当年刚定植的连翘苗离地面 5～10 厘米的地上部分全部剪除。冬季平茬后，春季萌发枝条生长旺盛，当年可形成结果枝，第二年即能开花结果。

冬剪平茬后要进行整穴，在连翘植株周围建成一个鱼鳞坑，以利用冬季积蓄雨雪，减少太阳辐射，夏季降低地表温度，减少蒸发量，提高土壤含水量。鱼鳞坑尺寸一般为 50 厘米×50 厘米×20 厘米。整穴有利于截留地表径流，可结合中耕松土除草进行，每年的 6 月下旬和 8 月上旬各进行 1 次，除去树穴中杂草和林中高大杂草及其他新生灌木，并将杂草覆盖于树坑内。

②第二年夏剪培育花芽。上一年种植的连翘，经过冬季平茬修剪后，到第二年从根部发出芽枝快而早，生长健壮。第二年的夏剪，一是掐尖培育促分枝，夏剪以后形成的分枝都是第二年的结果枝；二是培育花芽。

第一次夏剪一般在 5 月底至 6 月初进行，第二次在 6 月 20 日之前进行。为了控制旺长、促进分枝，培育翌年花芽，需及时对枝条进行摘心，去掉顶芽，促发分枝，形成结果枝组。具体要求是当主枝长度达到 80 厘米左右时，就要开始掐尖，促进分枝；当分枝长度达到 30 厘米左右时，就要进行再次掐尖，一直到 7 月中下旬。通过连续掐尖，形成内心空膛、枝条健壮的树形。掐尖夏剪是培育连翘花芽的关键措施，对于培养结果枝组极其重要，是连翘获得高产的保障。

（6）及早嫁接。连翘在自然条件下，有长花柱和短花柱两种类型，若只有一种花柱类型的花，一般不能授粉结实。人工种植时，需要将两种花柱类型的连翘交错种植，才能正常结实。在野生环境和人工种植条件下，连翘的自花授粉结实率极低，约占 4%。自 2011 年以来，笔者团队通过合理布点，嫁接不同品种，改善野生分布群体比例，提高了连翘的结实率。

连翘经过种植和冬剪塑造树形、夏剪培育花芽之后，有时会发现由于连翘的长花柱与短花柱搭配不合理，部分区域结实率不高，这时可以通过第三、第四年嫁接技术解决。

嫁接时间一般是 3 月中旬惊蛰时节，在当地白天气温回升到 10～12℃、连翘芽刚刚开始萌动时进行嫁接。

嫁接可以采用劈接法。嫁接时，在长柱花连翘集中分布区，每间隔 4～5 株，选取健壮的母株，嫁接短柱花连翘；同理，在短柱花连翘集中分布区，嫁接长柱花连翘。

嫁接时，在距分枝 20～40 厘米处剪取接穗，截面要平整，把接穗下端削成楔形，削成的斜面长 3～5 厘米，迅速将接穗的楔形斜面插入砧木的切口中，两面对齐，然后，用塑料绑绳将嫁接处缠牢绑紧，同时用塑料绑绳将接穗裸露的部分包裹，仅露出芽眼部分。

嫁接后，在 4 月上旬，抹除砧木上的萌芽，以便养分集中向接穗供应。抹除萌芽要多次进行，保证嫁接成活率；5月中下旬，解除接穗上的塑料绑绳。嫁接后至8月末，尤其在多雨季节，用多菌灵和甲基硫菌灵等喷雾预防病害发生。

连翘种植基地的园区建设经过早期两年的科学管理或至第三年的嫁接，到第四年的夏剪和花芽培育，第五年即可建成丰产园，一般种植5～6年进入盛果期，每亩产量达到100千克以上，效益2 000元（单株产0.5千克鲜品）；8～10年进入高产期，亩产鲜果可达到250千克，效益5 000元以上（单株产1.25千克鲜品）。

第四章

连翘特色生产技术

一、天然林抚育修剪技术

对自然生长的连翘群体，通过人为修剪，使其更好地符合生长结果的需要，产品为近乎天然的野生药材，道地性好。天然林抚育修剪不仅保持了连翘正常的生长发育和其在原生环境下的生存能力，还保护了包括物种、种群和群落的整个生态环境。天然林抚育是药用植物资源保护、栽培的有机结合。天然林抚育不占用耕地，只在补植和生长过程中实施最低限度的人为干预，充分利用了药材的自然生长特性，大幅降低了人工管理费用。

连翘生命力极强，因缺乏管理，有些地方野生连翘密度过大，有些地方则很稀疏，有些地方的连翘还为杂草灌木所覆盖，枝条徒长，树形紊乱，产量非常低。对于连翘天然林来说，通过人为干预，如清理去除连翘周围的其他灌木或杂草，可保证连翘生长空间；人工补植可增加种群数量，使其成为优势种群；通过修剪、施肥等措施，可增加产量、提高质量等，以上都是天然林抚育技术范畴。

具体的抚育修剪技术如下。

（一）清坡去杂

一般在 7 月上中旬连翘生长的旺盛时期进行，清除连翘林中影响连翘生长的乔木、灌木、藤蔓、高大草本植物及连翘树种中生长不良的植株。7月上中旬植物的全部能量用于植株地上部生长，在这种情况下，进行清坡去杂，把杂草和灌木上进行光合作用的器官清除，从而解决灌木类的丛生问题。通过清坡去杂，去除连翘林中的杂草和灌木，以确保连翘的生长空间。

（二）去密补植

野生连翘生长无规律，对于生长过于密集的株丛，由于通风条件不好，结果华而不实，因此就需要对生长太密的植株进行适当疏除，去掉一些生长势弱的老小弱植株，使株距或丛距保持2～3米。而在过于稀疏的地方应进行适当补植，一般连翘亩株数达不到220株的都应补植。补植时间在8月下旬的雨季，结合整穴除草进行。补植的苗子可以从附近的根蘖苗移植而来，移植的根蘖苗一定要选淡褐色微发黄的幼龄小树，不要选树皮发黑的"小老树"，补植时要将移植苗的根挖大一点，移植坑也挖大些，并把连翘树冠剪小，以减少树冠的蒸发量，提高移植苗的成活率。

（三）整枝修剪

由于连翘春季发芽开花早，春季修剪易造成植株的伤流，所以一般不进行春季修剪。整枝修剪根据目的不同分为夏季修剪和冬季修剪。

（1）夏季修剪。在夏季伏天植株生长最旺的时段修剪。在不同方位选择3～4个发育充实的侧枝打顶摘心，促进多发分枝，培育成主枝，以后在主枝上再选留3～4个壮枝培育成副主枝，在副主枝上放出侧枝。生长期要适当进行疏除短截。通过整形修剪，使其形成低干矮冠、内空外圆、通风透光、小枝疏朗和提早结果的自然开心型树形。

修剪步骤如下：

①清理下部枝条。把接近地面30～50厘米范围内的下部枝叶

全部清理掉。

②剪掉枯枝。清理完下部枝条后，把植株上的枯枝全部清理掉。

③修剪徒长枝。徒长的长枝条垂下后没有生长势，且越长越弱，不会开花结果。应从徒长枝弓背下垂的最高点的叶芽处留1厘米左右，其余全部剪掉，以提升枝条的长势，促使其萌发侧枝。

④修剪残枝。修剪连翘时易造成残枝，在损伤的枝条上找到一个枝皮健壮的地方剪平，促进伤口愈合，萌发新的侧枝和花芽。

⑤摘心。对冒出来的徒长枝，由于营养生长旺盛，不产生侧枝，也不分化花芽，要促使侧枝萌发花芽就要进行摘心，枝条长势强的，要多去掉一些，长势弱的就少去掉一些。

（2）冬季修剪。主要在冬季落叶后的休眠期进行修剪，这时修剪的作用是更新复壮，即把衰败的老株换成新株，促进生长。其原理是秋季之后灌木植株把1年来积累的营养储存在植株体内，蓄势待发，此时宜采取平茬修剪，去掉树冠，留下一个庞大的根系，第二年春天植株积蓄的能量，会萌生出新芽，当年即可形成粗壮的枝条，达到更新"小老树"、形成新的生长健壮植株的目的。

（3）修剪顶梢。在主干离地面130～150厘米处剪去顶梢，同时将枯死枝、病虫枝、纤弱枝、交叉枝及重叠枝剪除。对衰老结果树要回缩重剪（即剪去枝条的2/3），促其抽出旺枝、壮枝。

（4）整形修剪。主要是把下半部分2米范围内的空秆剪除，把老化的植株、枯死的植株平茬，从根部砍掉，但要形成一个平滑的切面，便于愈合。

（5）平茬。对枯老衰弱的树采取平茬更新。选择8～12年的老龄树，在冬季休眠期（10月至翌年1月）进行平茬，即将连翘地上部分全部剪除，平茬高度以5～10厘米为宜。冬季平茬后，植株春季萌发枝条，且生长旺盛，当年可形成结果枝，第二年即能开花结果。

(四) 整穴

就是将连翘植株根部建成一个个鱼鳞坑，以利于蓄积冬季雨雪，减少太阳辐射，夏季降低地表温度，减少蒸发量，提高土壤含水量。鱼鳞坑尺寸一般为 50 厘米×50 厘米×20 厘米。整穴有利于截留地表径流，可结合中耕松土和除草进行。每年的 6 月下旬和 8 月上旬各进行 1 次，除去树穴中杂草、林中高大杂草和其他新生灌木，并将杂草覆盖于树坑内。

二、人工林培育技术

造林地应根据苗木生物生态学特性选择，充分考虑气候、土壤、水分、海拔、坡向、坡位、植被等立地因子。尽管连翘耐干旱瘠薄，适应性强，对土壤要求不严，但作为生态和药用兼顾植物，为了获得较高的生态效益和经济效益，也要结合当地的条件做好造林地规划。

连翘的适应力极强，对立地条件要求不严，但最适宜生长在海拔 500～2 200 米的阳坡、半阳坡的沙壤土，以及土层深达 35～40 厘米的地段。选择阳光充足的阳坡或半阳坡、肥力较好的棕壤土或腐殖质丰富的褐土的缓坡地区栽培，可提高连翘结实率。半阴坡、半阳坡或阴坡亦可大片栽培，但结实率较低、产量较少。如以绿化为主、兼收药材为目的，也可选择荒山秃岭成片栽培，仍可获得多重效益。为了充分利用土地，亦可零星栽培于路旁、田边、地角、房前屋后或庭院空旷地段。新栽植连翘宜选择在年平均气温 8℃以上、海拔 1 800 米以下、土层厚度≥20 厘米的阳坡、半阳坡地。

整地多用于条件较好的造林地。在栽植或直播前进行整地，可使造林地的土壤水分状况得到更好改善，植物残体能更充分地分解，也有利于连翘苗木的成活和生长。根据造林地区的气候特点、土壤状况以及苗木根系长度合理确定整地深度。一般整地深度为30～35厘米，连翘苗为大苗时整地深度可为50～60厘米。进行整地时除用手工机具外，还可应用各种农业机械。

三、幼龄期的套种模式

连翘处于幼龄期时，冠幅较小，因此在行间留下了较多的空地。此时进行中药材套种，可以抑制行间杂草的滋生，节约除草成本。虽然可选择的中药材品种较多，但是随着每年连翘生长，冠幅变大，行间生长空间会很快变小。所以，连翘幼龄时期栽培地套种中草药时最好选用1～2年就能收获的中药材种类，如地黄、板蓝根等。

连翘种植后，根据株行距的大小，一般3～4年冠幅覆盖度就可以超过60％，因此第一至第二年，可在行间套种桔梗、板蓝根、蒲公英、金银花等植株较小的品种；第三至第四年，随着连翘冠幅增大，在行间已形成了较荫蔽的环境，可种植稍耐阴的中药材，如苍术、白芷、前胡、大黄、鱼腥草等。值得注意的是，不可连作同一种类中草药，一是连作容易发生病害而减产；二是连作同一种中药材易发生土壤缺素症。因此，中草药每年或隔年要换茬，并选择适宜生长的茬口。

连翘在生长5年后，植株冠幅达成年大小，此时株型已经固定，冠幅的覆盖度也达到最大，连翘栽培地地面所接受的光照一般只有全光照的20％～35％，这也为连翘植株以下的地面创造了一个隐蔽的空间，同时，由于上部空间被冠层所覆盖，也较少被风吹影响，所以湿度条件较好，适宜栽培喜阴湿的中药材品种，如天麻、天南星、细辛、太子参、玉竹、黄精、半夏、黄连、灵芝、西红花。

四、河北连翘"授粉搭配，三不一剪"生态种植技术

河北的西部太行山区，拥有丰富的连翘资源，同时太行山中浅山区有着大量的闲置岗坡山地。但太行山区的连翘，一是野生连翘分布于崇山峻岭，单株集中产量低，采摘耗费人力多；二是连翘枝条长时间自然徒长、枝条交错、内膛空虚、有效结果枝组少；三是野生连翘果实质量不均匀，造成青翘和老翘有效成分不符合《中国药典》标准。对此，笔者团队在河北的太行山区建立了连翘"授粉搭配，三不一剪"生态种植技术。

（一）授粉搭配，提高结果率

通过调研，发现野生连翘自然分布的群落，大多是单一的长柱花群落或单一的短柱花群落，而连翘同一种花型存在自花不孕现象，连翘开花不结果的根源为自花不孕。解决连翘授粉问题，一是长柱花和短柱花搭配种植、相互授粉；二是野生连翘抚育时，在一种花型的连翘附近栽植或嫁接另一种花型的连翘，两种花型相互授粉，大大提高了连翘授粉坐果能力，产量较野生连翘提高 5 倍以上。

（二）建立"三不一剪"生态管理模式

连翘的"三不一剪"生态管理模式，就是在保持连翘原生态环境，通过补植或嫁接不同类型花型的连翘，解决野生连翘群落花型单一影响结果的问题，一是不破坏原来的生态环境，通过挖集雨鱼鳞坑，继续维持野生连翘原有依靠的自然降水；二是不人为施入化学肥料，依靠自然环境的落叶和杂草，维持土壤养分；三是不破坏野生连翘群落的生物多样性，继续依靠连翘的伴生植物，通过生物多样性抑制各类病虫害的发生。

（三）科学修剪，达到连翘的优质稳产

科学修剪是指根据连翘生长习性，通过适当修剪控制连翘的徒长和旺长，增加有效结果枝组，提高产量和质量。野生连翘生长快、徒长枝多、枝条交叉、树形紊乱、结果枝组退化快、结果少，通过科学修剪，可实现连翘的优质稳产。

（四）多技术组合，提高连翘质量

一是合理确定连翘的最佳采收期，青翘采收期为 7 月下旬至 9 月初，老翘采收期为 9 月下旬至 10 月底；二是"三不建园"；三是科学修剪，保持开心型树形，及时更新退化的结果枝组，使连翘果实个大饱满，质量明显提升。

近几年，"连翘生态栽培技术模式"在河北省太行山区涉县、井陉、武安、峰峰矿区、平山、灵寿等地快速发展，连翘生态栽培面积超过 1.67 万公顷。

五、山地连翘生态种植技术

连翘耐寒、耐旱、耐瘠，对气候、土质要求不高，但在选择规模化种植基地时，应充分考虑海拔、坡向、坡位，以及种植山地和丘陵缓坡地的植被、土壤、立地条件等。最好集中连片规模种植，且远离交通干道 100 米以上。种植时不管是坡堰还是平地，都要横竖成行、左右成线。

一般春季适宜在土壤解冻至萌芽前种植，夏季可选择雨季种植，秋栽在土壤结冻前进行。最好在雨季或秋季落叶后栽植。

种植连翘首先要进行坡地整地，一般有梯田式整地和鱼鳞坑式整地两种方式。

梯田式整地一般在坡度≤25°的山坡，建设水平梯田，在梯田内

按照一定的株行距挖坑种植连翘，种植穴大小为 50 厘米×50 厘米，深 40 厘米左右；鱼鳞坑式整地一般是在坡度≥25°的山坡，按照设定的株行距，挖鱼鳞坑种植连翘，鱼鳞坑的大小一般为 50 厘米×50 厘米，深 40 厘米。

一般大面积集中种植连翘，株行距应为 1.5 米×2 米，即每亩种植 200～220 株。种苗应选择 2～3 年以上的大苗，茎粗 0.8 厘米以上，株高 0.8～1.5 米。为提高种苗成活率，可在种植穴内添加适量的厩肥，并与土渣拌匀后栽苗。种植时将种苗置于穴中央，使种苗的根茎部位低于地表 5～10 厘米。在春季种植时，由于气候干燥，裸根苗自然条件下放置 4 小时后大部分须根干枯失水，增加了死苗风险，应当在小苗起苗后立即进行泥浆蘸根处理，即在树苗根系裹上一层泥浆，起到保持树苗根系湿润的作用，以保持树苗活力，提高树苗移栽成活率。泥浆水的比例一般为细粒保水剂∶黏泥∶水＝1∶150∶200。处理时将根及根茎部进行泥浆处理（将根茎置于泥浆水中浸泡 5 分钟左右），每穴 1 株，分层填土，提苗、踏实、灌水，水渗后再覆土略高于地面。

幼树期修剪管理。定植后 1～3 年为幼树期，管理的主要措施是通过修剪形成合理的树冠。修剪的原则是轻剪，保留营养枝，以促为主，壮大树体，促使尽早形成合理树冠。一般在春夏种植的当年定干。

第一年定干剪顶。栽植的苗木萌芽后，从主干高 20 厘米处剪顶，促进萌生枝形成。6 月下旬至 8 月下旬，选留 6～7 条健壮的萌生枝作为骨干枝组成 1 个灌丛。

第二年促进萌发结果枝。种植第二年，上年选留的骨干枝开始萌发侧枝，在侧枝长至 20～30 厘米处短截，促进萌发结果枝。

第三年更新结果枝。第三年修剪的主要任务是培养更新结果枝，促发新的营养枝和结果枝，逐步形成稳固的树冠，确保进入结果盛期。

成龄树修剪管理，定植后 3～5 年连翘逐步进入开花结果期，管理的原则是通过整形修剪巩固充实树形，促进冠层结果枝更新，控制冠顶优势，调整生长与结果的关系。

（1）冬季修剪。修剪时间为连翘植株休眠期（2—3月），主要是剪除植株的根茎、主干、膛内，以及冠顶着生的无用徒长枝、冠层病虫枝、残枝和过密的细弱枝。

（2）春季修剪。修剪时间为4月下旬至5月上旬，主要是抹除植株的根茎、主干、膛内，以及冠顶上萌发和抽生的新芽、嫩枝，剪除冠层结果枝梢处的风干枝。

（3）夏季修剪。时间为5月中旬至7月下旬，主要是剪除植株的根茎、主干、膛内、冠顶处萌发的徒长枝。

（4）秋季修剪。一般在10月以后修剪，也可延迟到休眠期修剪，主要是剪除植株冠层着生的徒长枝。

（5）田园管理。连翘生态种植的原则是"不与虫草为敌，不与农田争地"，因此，田园管理主要是控制恶性杂草，保留共生型杂草，及时整修田园，蓄积雨水，建立良好生态环境。

种植连翘经济效益显著，一般每亩栽植220株，五年生的连翘，一般单株产青翘1～3千克，鲜青翘产地市场价格10～15元/千克，每株效益10～45元，亩产值2 200～9 900元；鲜连翘果实折干率为2.5∶1，老翘市场价格30元/千克，一般亩产50～100千克，亩产值1 500～3 000元。总体来看，连翘生态种植成本低，经济效益良好。

六、矮化密植栽培技术

现代高效益连翘种植参照矮化密植果园管理模式，通过增加亩株数，降低单株目标产量，使植株快速达到目标树冠要求，实现早坐果、早丰产，达到显著提高群体产量和效益的目标。

其优点为：一是收益早，单产高。一般3～4年即可进入丰产期，比常规栽培提前 3～4 年，结果早、丰产早、见效快。二是品质好，价格优。矮密栽培的连翘园，单株结果少，养分足，光合产物积累多，果实个大，百果重达到 180 克以上，整齐度高，商品性好，市场价格高。三是周期短，更新快。连翘矮密栽培，以灌木树形管理，树体小，更新快，生产周期短，树体始终处于壮枝生长，抗性强。四是集约化、易管理。矮密栽培树体矮小，方便果园修剪、喷药、采收等作业；同时，采用宽行密植，便于农机耕作和机械化采收，减少了用工，降低了成本，提高了经济效益。

1. 园地选择　连翘适合山区生长，具有喜温、喜光、耐寒、耐旱、耐涝、耐瘠薄等特性，对土壤和气候要求不严格。但是，连翘建园栽培是以高产、优质、高效为目标，因此，山区建园要选择海拔高度 400～1 500 米的区域，坡度在 15° 以下的阳坡。选择土壤肥沃、质地疏松、排水良好的沙质壤土，土层深度 1 米以上，pH范围为 7.9～8.4。

2. 选取均匀壮苗　连翘矮密栽培的关键是选择整齐一致的种苗，从而形成均匀、健壮的树体，避免形成大小不一的树体，出现"以大欺小"现象，影响产量。壮苗的标准为：二至三年生苗，地径 1 厘米左右，株高 1 米以上，主干直立、健壮，根系完整、发达。

3. 合理栽植密度　行距 2 米、株距 0.7 米，每亩栽植 470 株。行向以南北行为佳，山区地块不规则，可以根据地块的具体情况适当调整。

4. 科学品种搭配　连翘分长柱花和短柱花 2 种类型，种植单个类型结实率低，必须交错栽培才能提高结实率。一般要求长柱花型植株与短柱花型植株数量比为 1∶1 或 1∶2。可采用行行相间栽植法或株株相间栽植法种植。

5. 栽植方法　一般可采取行行相间栽植法。首行栽同一类花型植株，次行栽另一类花型植株，以此类推，保持同行同类花型、相邻行异类花型的种植方式。也可采取株株相间栽植法。首行以不同花型植株相间栽植，次行也是不同花型植株相间栽植，且与首行相对应的植株为不同花型，以此类推，保持每个植株与周围所有植株花型相异的种植方式。

栽植时间一般以秋季 10—11 月为佳。挖穴栽植，穴径和穴深各 50 厘米。先将表土填入坑内达 1/3 穴时，再施入适量厩肥（每穴 5～10 千克），与底土搅拌混匀。每穴栽苗 1 株，分层填土踩实，使根系舒展。栽后浇水，水渗透后盖土，以利保墒。

6. 管理技术

（1）修剪整形。连翘营养生长旺盛，枝条抽生快，易徒长，因此，要勤修剪，重点抓好夏季和冬季修剪。夏剪时间一般为 5—7 月，主要是短截，限制徒长；冬剪一般在秋季落叶之后至翌年发芽之前进行，即 11 月至翌年 2 月，主要是疏枝、整形。

连翘修剪的树形很多，有圆头型、自然开心型和灌丛型，对于矮化密植栽培，选择灌丛型较好。于定植的第二年早春，在植株离地面 20 厘米处，剪去植株上部，促使侧芽萌发，快速生出 4～6 条新枝，从中选择 3～4 条不同方向的壮枝培养为丛生主干。当主干长至 1 米高时打顶，促其主干上生出 10～20 条侧枝，基本形成结果树体，这些侧枝将是来年坐果的主力军，夏季轻剪，以短截为主，侧枝留 25 厘米短截；冬季重剪，将枯枝、重叠枝、交叉枝、细弱枝、徒长枝、病虫枝剪除。

（2）施肥。在冬季按照幼树每株 1～2 千克，成年植株每株 2～3 千克的标准，结合松土、除草，施入腐熟厩肥或土杂肥。6 月上旬，增施氮、磷、钾复混肥 20 千克。

7. 病虫草害防治　太行山区生物多样性分布和独特的气候使连翘病虫害发生并不严重，发生比较严重的虫害主要是钻心虫，草害为菟丝子。防控措施坚持"预防为主，综合防治"的方针，重点做好冬季清园，清除园内枯枝、落叶及杂草，有条件的可以深翻一遍，既有利于改良土壤理化性状，又有助于杀灭在土壤中越冬的病

原菌和害虫。

（1）钻心虫。多发生在 7—9 月，幼虫常钻入茎秆木质部髓心危害，严重时受害枝不能开花结果，甚至整枝枯死。防治措施：可将受害枝剪除，带出田间集中销毁。

（2）菟丝子。主要寄生在连翘的茎上危害。以种子在土中或混于寄主植物种子中越冬。翌年 5—6 月种子萌发，茎蔓缠绕寄主植物的茎，生出吸器吸附、固定并伸入植物茎叶的细胞内吸取营养，造成寄主植物生长衰弱、枯死，外观呈乱麻状。8 月中旬开花，秋季种子成熟后落入土中越冬。防治措施：菟丝子种子萌发前中耕除草，将种子深埋在 5 厘米以下的土层中，使其难以萌芽出土；个别发生时，及时人工剪除或拔除，并集中销毁。另外，要及时清理园区周边环境，防止外来菟丝子入侵。

8. 采收与加工

（1）青翘采收及加工。7 月下旬至 9 月中旬，采摘未成熟的青绿果实。将采收的青绿色果实用沸水煮片刻或用蒸笼蒸 15 分钟，取出晒干或低温烘干即可。

（2）老翘采收。10 月上旬，果皮变黄褐色、果实裂开时摘下。将采收的黄棕色果实晒干，筛去种子即可。

七、连翘嫁接技术

连翘生长中存在同种类型花自花不孕现象，现有生产方法中存在结实率低、产量低、操作烦琐、效果差、成本高等问题，在河北省中药材产业技术体系创新团队的指导下，科研人员通过试验研究了连翘嫁接技术，即在一个连翘品种的集中分布区按照比例均匀嫁接另一品种（即在长柱花品种集中分布区嫁接短柱花，或在短柱花集中分布区嫁接长柱花），通过合理布点，嫁接不同品种，改善野生分布群体比例，可提高连翘的结实率，进而提高连翘果实产量。

这里所说的嫁接比例是指嫁接株数占连翘集中分布区总株数的比例，一般为15％～20％。

在自然条件下，连翘分长柱花类型和短柱花类型2种，呈片状分布，通过种子散落和枝条弯曲入土生根而扩散成片，每个连翘类型生长集中成片，甚至一面山坡都为同一类型，而单个类型的连翘品种一般不能授粉结实，在野生环境和人工种植中，连翘的自花授粉结实率极低，约占4％，因此人工种植时，需要将2种类型混合种植，才能正常结实，保证产量。

目前，提高连翘结实率的主要方法有：一是人工辅助授粉，此方法用工量大，不利于规模化生产，同时对授粉时间要求严格，必须在开花盛期实施，要求花期一致；二是2个品种相间种植，即在长柱花分布区内栽植部分短柱花，或在短柱花分布区内栽植长柱花，可有效提高连翘的结实率。但是连翘繁殖一般采取种子育苗或扦插育苗繁殖，连翘苗通常3～5年后才开花、结实，此时，一旦发现栽植的连翘苗都是长柱花或都是短柱花，结实率将很低；此外，在长柱花区或短柱花区栽植相对应的短柱花或长柱花，既费时费工，又难以见效。

通过嫁接，可改善连翘单一花柱型植株的群体分布，使连翘的结实率大大提高，其结实率可达65％～70％，较自然情况下的结果率提高了18％～23％，产量显著提高。

（1）品种的确定。在实施嫁接的前1年开花期，调查连翘集中分布区的面积，确定是连翘长柱花类型多还是短柱花类型多；在长柱花连翘区嫁接短柱花，在短柱花连翘区嫁接长柱花。

（2）接穗采集。当年2月下旬，在日均气温3.0～3.5℃，连翘芽萌动之前，选择健壮的长柱花或短柱花连翘植株，然后在所选的连翘植株上剪取健壮、无病虫害、直径0.6～1.2厘米的一至二年生枝条，再将剪取的枝条剪成长度为10～12厘米的接穗，将接穗用石蜡封条，即将接穗的一端在煮沸的石蜡中迅速蘸一下，使一半的接穗枝条蘸有蜡液，取出，迅速甩掉多余的蜡液，然后再蘸接穗另一端，使整个接穗覆上一层薄薄的蜡面，并用保鲜膜包裹，标明种类、日期，置于 0～5℃的条件下保存。接穗应有 2～3 组（对）芽眼，上部芽眼距剪口 1～1.5 厘米。将接穗用石蜡封条的目的是防止水分散失，利于保存。

（3）嫁接株选择。在连翘集中分布区，每间隔 4～5 株，选取 1 个嫁接株，做好标记。

（4）嫁接。3 月中旬，当地白天气温回升到 10～12℃，连翘芽刚刚开始萌动时，在嫁接株上选留 4～6 条长势健壮、枝芽饱满、直径 1～2 厘米的二至四年生枝条作为砧木，在距分枝 20～40 厘米处剪掉，截面要平整，然后用嫁接刀从截面正中间的髓心处，垂直向下切深度为 3～5 厘米的切口。将采集的接穗下端削成楔形，切成的斜面长为 3～5 厘米，迅速将接穗的楔形斜面插入砧木的切口中，两面对齐，用塑料绑绳将嫁接处缠牢绑紧，同时用塑料绑绳将接穗裸露的部分包裹。

（5）嫁接后管理。10～20 天后检查成活情况，如果接穗上的芽萌动，或长出新叶，即为嫁接成活，此时需除掉砧木上的萌芽，解除接穗上包裹的塑料绑绳，露出接穗上的萌动新芽。当接穗新芽梢长至 5～10 厘米或更长、嫁接处已完全愈合时，解开嫁接处包扎的塑料绑绳。

连翘不同品种之间的嫁接不存在排异反应，嫁接易于成活，成功率达 95％以上；接穗携带方便，每人每天能嫁接 200～300 个枝条，远胜过人工移植的速度，效率高；连翘嫁接不用人工造墒，也不用移植后浇水，省去了大量人工和开支，成本低。

八、连翘茶园栽培技术

（一）选地整地

选择山地或坡地、海拔 500～1 000 米、土层厚度 60 厘米以上、坡度 20°以下、交通便利、周围无工矿企业、环境好、无污染的地块作为连翘种植地。通过刨根彻底清除地上灌木、杂草。按照水平方向设置宽 1.7 米的种植带，其中，种植带宽 1 米，采摘通道宽 0.7 米；将种植带进行翻耕，结合翻耕亩施农家肥 1 500 千克、含氮较高的复混肥 20 千克。

（二）栽植技术

（1）种苗选择。选择太行山连翘品种，毛叶型连翘和匍匐型连翘除外。选三年生苗，要求苗木茎粗 0.7～1 厘米，根系完整、发达，无病虫害。

（2）栽植时间。10 月上旬至 11 月下旬连翘停止生长，进入休眠期后栽植。

（3）栽植方法。在种植带中栽植 2 行，行距 50 厘米，株距 40 厘米，两行相邻植株之间呈等腰三角形，保证等距离，亩栽苗 1 960 株，栽后浇定植水。

（三）茶园管理

（1）合理施肥。施肥以氮肥为主，辅以磷钾肥及微量元素肥，增施腐熟的人粪尿、饼肥及其他有机肥，且遵循多次少量原则。第一年亩施纯氮 8～12 千克；从第二年开始，每年亩施纯氮 10～15 千克。

（2）人工除草。主要包括人工拔除、锄头铲除或者浅耕翻土。在幼龄茶园中，一般采取人工拔除的方式除草，避免用锄头伤及茶树根系，对于通道内杂草，可进行机械耕作除草。

（3）铺设覆盖物。

①铺草。其作用是保持茶园土壤温度，减少水分蒸发，防止水土流失，同时对于抑制杂草生长也有比较明显的效果。

②地膜覆盖。试验表明，地膜覆盖比稻草覆盖更有优势，它不仅能够保证茶园地表的温度、湿度，同时可以非常有效地抑制杂草

滋生，还可以有效保水保湿保肥，促进茶苗的根系生长，防止病虫害发生。

（4）修剪管理。

①定型修剪。定植后，在离地 10 厘米处剪去上部；第二年从基部抽生 3～5 个枝条，保留 2～3 个枝条培养成主干，当主干高 40 厘米时，自 35 厘米处打顶，限制主枝生长，促使更多侧枝，侧枝长度超出 20 厘米时，再次打顶。以后每提高 10～15 厘米便打顶 1 次，经过多次打顶处理，形成高 80～90 厘米、宽 100～120 厘米的连翘采茶带骨架。

②整面修剪。也叫修剪养蓬，即修剪采茶面，栽植后连续 2～3 年剪去上部突出部分，形成一个平整的平面或弧形采茶面。

（5）茶叶采摘。

①幼龄茶园采摘。连翘栽植后第三年，进入幼龄茶园采摘期，此时主要原则是：以留蓄为主，采养并举，少采多养，采高养低，采顶养边，采密养稀，采去顶芽，多蓄养健壮分枝；新梢较密处要少留叶片，适当疏芽，新梢稀处留 2～3 叶采去顶芽。

②壮年茶树采摘。栽植第五年后，进入壮年茶树采摘期，要及时采摘，待新梢有 10％～15％长到合乎采摘标准时，即可按照正常的采茶步骤进行采摘。

九、甘肃天水连翘栽培技术

（一）种苗繁育

（1）种子直播。直播于 4 月上旬，在已备好的穴坑中挖 1 小坑，深约 3 厘米，选择成熟饱满无病害的种子，每坑 5～10 粒，覆土后稍压，使种子与土壤紧密结合。一般 3～4 年后开花结果。

（2）种子育苗移栽。在整平耙细的苗床上，按行距 20 厘米开 1 厘米深的沟，将种子掺细沙均匀撒入沟内，覆土后稍压，每亩用种子 2 千克。春播半月左右出苗，苗高 5 厘米进行定苗，高 10 厘米时松土锄草，每亩追施尿素 10 千克，浇水时随水施入，促进幼苗生长。当年秋季或第二年春季萌动前移栽。行株距 200 厘米×150 厘米，穴径 30 厘米，施杂肥 5 千克，与土混匀，栽苗 2～3 株，填土至半穴，稍将幼苗上提一下，使根舒展，再覆土填满，踏实。若土壤干旱，移栽后要浇水，水渗下再培土保墒。

（3）扦插育苗。于夏季阴雨天，将一至二年生的嫩枝中上部剪成 30 厘米长的插条，在苗床上按株行距 5 厘米×30 厘米，开 20 厘米深的沟，插条斜摆在沟内，然后覆土压紧，保持畦床湿润，当年即可生根成活，第二年春季萌动前移栽，一般移栽当年或第二年即可开花结果。

（4）压条繁殖。连翘为落叶灌木，下垂枝条多。可于春季 4 月，将母株下垂枝慢慢弯曲压入土内，在入土处用铁锹刻伤，用枝杈固定，覆盖细肥土，精心管理，刻伤处就能生根成苗。当年冬季至翌年早春，可截离母体，带根挖取幼苗，另行定植。

（5）分株繁殖。连翘萌发能力极强，在秋季落叶后或早春萌芽前，挖取植株根际周围的根蘖苗，另行定植。

（二）栽培技术

（1）选地整地。选择地块向阳、土壤肥沃、质地疏松、排水良好的沙壤土，于秋季进行耕翻，耕深 20～25 厘米，结合整地施基肥，每亩施圈肥 2 000～2 500 千克，然后耙细整平。直播地株行距 150 厘米×200 厘米，穴深与穴径各 30～40 厘米；育苗地做成 1 米宽的平畦，长度视地形而定。

（2）定植。于冬季落叶后到早春萌发前均可进行。先在选好的定植地上，按株行距 150 厘米×200 厘米挖穴（3 330 株/公顷），穴径和穴深各 70 厘米，先将表土填入坑内达半穴时，再施入适量厩肥或堆肥，与底土混拌均匀。每穴栽苗 1 株，分层填土踩实，使根系舒展。栽后浇水，水渗后，盖土高出地面 10 厘米左右，以利保墒。连翘属同株自花不孕植物，自花授粉结实率极低，若单独栽植长花柱或短花柱连翘，均不结实。因此，定植时要将长、短花柱的植株相间种植，才能结果。

（3）田间管理。苗高 7～10 厘米时，进行第一次间苗，拔除生长细弱的密苗，保持株距 5 厘米左右，当苗高 15 厘米左右时，进行第二次间苗，去弱留强，按株距 7～10 厘米留壮苗 1 株。加强苗床管理，及时中耕除草和追肥，可喷洒 0.5% 尿素（含氮素 46%）水溶液进行根外追肥。培育 1 年，当苗高 50 厘米以上时，即可出圃定植。

定植后于每年冬季在株旁松土除草 1 次，并施入腐熟厩肥或饼肥和土杂肥，幼树每株 2 千克，结果树每株 10 千克，于株旁挖穴或开沟施入后盖土、培土，以促幼树生长健壮，多开花结果。早期株行间可间作矮秆作物。

（4）整形修枝。定植后，幼树高达 1 米左右时，于冬季落叶后，在主干离地面 70～80 厘米处剪去顶梢，再于夏季通过摘心，促发分枝，在不同的方向上选择 3～4 个发育充实的侧枝，培育成为主枝，以后在主枝上再选留 3～4 个壮枝，培育成为副主枝，在副主枝上，放出侧枝。通过几年的整形修剪，使其形成低干矮冠、内空外圆、通风透光、小枝疏朗、提早结果的自然开心型树形。同时于每年冬季将枯枝、重叠枝、交叉枝、纤弱枝以及徒长枝和病虫枝剪除；此外，生长期还要适当进行疏删短截。每次修剪之后，每株施入火土灰 2 千克、过磷酸钙 200 克、饼肥 250 克、尿素 100克。于树冠下开环状沟施入，施后盖土、培土保墒。

对已经开花结果多年、开始衰老的结果枝群，进行短截或重剪（即剪去枝条的 2/3），促使剪口以下抽生壮枝，恢复树势，提高结果率。

（5）病虫害防治。连翘的常见病害为叶斑病，系半知菌类真菌侵染，病菌首先侵染叶缘，随着病情的发展逐步向叶中部扩展，病健部区分明显，发病后期整片叶枯萎死亡。此病 5 月中下旬开始发病，7、8 月为发病高峰期，高温高湿天气及密不通风环境利于病害传播。防治叶斑病要注意修剪，疏除冗杂枝和过密枝，使植株保持通风透光，同时要加强水肥管理，注意营养平衡，不可偏施氮肥。如有发生，可喷施 75％百菌清可湿性颗粒 1 200 倍液或 50％多菌灵可湿性颗粒 800 倍液进行防治，每 10 天喷 1 次，连续喷 3～4 次可有效控制病情。

连翘常见的虫害有：缘纹广翅蜡蝉、透明疏广蜡蝉、桑白盾蚧、常春藤圆盾蚧、圆斑卷叶象虫、旋夜蛾、松栎毛虫、白须天蛾。如有发生，可在若虫群集枝上危害期，喷洒 10％吡虫啉可湿性颗粒 2 000 倍液杀灭透明疏广蜡蝉和缘纹广翅蜡蝉；在若虫卵化盛期喷洒 95％矿物油乳剂 400 倍液杀灭桑白盾蚧；在圆斑卷叶象虫成虫期喷洒 3％高渗苯氧威乳油 3 000 倍液杀灭；在旋夜蛾幼虫期喷洒康福多 20％浓可溶剂 3 000 倍液进行杀灭；在松栎毛虫幼龄幼虫期喷洒 3％高渗苯氧威乳油 3 000 倍液杀灭；在白须天蛾危害严重时可喷施 1.2％苦参碱·烟碱 1 000 倍液杀灭。

（6）采收加工。因采收时间和加工方法不同，有青翘和老翘（又称黄翘）之分。青翘：8 月采收尚未成熟的青绿果实，加 6 倍水煮沸 8 分钟，或用蒸笼蒸 30 分钟后，取出晒干。加工成的果实为青色，不破裂。老翘：10 月果实成熟后，果皮变为黄褐色，果实裂开时摘下，去净枝叶，除去种子晒干，即为老翘。

（7）包装、储藏及运输。

①包装。包装前应检查是否充分干燥、有无杂质及其他异物，所用包装应符合药用包装标准，并在每件包装上注明品名、规格、产地、批号、执行标准、生产单位、生产日期等，并附有质量合格的标志。

②储藏。加工好的天水连翘如不销售，包装后应置于干燥、通风良好的专用贮藏库内储藏，并注意防虫防鼠，夏季注意防潮，贮

藏期间要勤检查、勤翻动，经常通风。为保持色泽，还可以将干燥的天水连翘放在密封的聚乙烯塑料袋中储藏，并定期检查。

③运输。运输工具或容器应具有良好的通气性，以保持干燥，并设有防潮措施，尽可能地缩短运输时间。同时不应与其他有毒、有害及易串味的物质混装。

十、山西平顺连翘人工抚育与独特种植加工技术

（一）特定种植技术——人工抚育栽培技术

"平顺连翘"人工抚育栽培技术，是一种对野生连翘的保护、育苗补栽、疏密、修剪、采集与家种连翘栽培有机结合的生产方式，是介于野生药材采集与人工栽培药材之间的新兴生态型药材生产方式，符合国家生态环境保护、中药材可持续利用方针政策。

平顺适宜实施人工抚育栽培连翘的面积超 30 万亩。其中：阳坡和半阳坡的野生连翘，在海拔 1 200～1 500 米的单株产量较高，在海拔 1 300～1 400 米处产量最高，海拔高于 1 500 米处的连翘单株结果量明显降低；阴坡以海拔 1 200～1 300 米处的单株产量最高，且随着海拔增高，产量逐渐降低。阳坡和半阳坡的产量明显高于阴坡，而阴坡连翘丛高明显高于阳坡和半阳坡。通过建立连翘野生人工抚育基地，实现对人工连翘适当补种，恢复连翘野生状态下种群数量和平衡，并达到野生种质资源的可持续利用。

（二）连翘育苗繁育技术

选择生长健壮，枝条节间短而粗，花果着生密而饱满，无病虫害的优良单株作母株采种。于 9—10 月摘取成熟的果实，晒干后脱出种子。春播，4 月上旬播种，行距 25 厘米，开深 4～5 厘米的沟，再均匀撒入种子，覆土 1～2 厘米，用脚踩实；20 天左右可出苗，当苗高 7～10 厘米时，定植于大田。

若育苗田一年生幼苗生长不均，或根系不发达，可采用倒苗技术。即于秋季 11 月（土壤上冻前）连翘叶落后或春季 3 月下旬至 4 月上旬（土壤解冻后）连翘开花前进行育苗倒栽。

（三）连翘育苗移栽技术

于春季 4 月中下旬（土壤解冻后）或秋季土壤上冻前（11 月），选择退耕还林地或荒山的阳坡、半阳坡、半阴坡进行移栽。

（四）连翘整形修剪技术

通过整形修剪能够促进连翘分枝，调整树体结构，确定植株形态，使枝干布局合理、平衡树势，促进开花结果，增加产量质量。

（五）连翘病虫害防治技术

按照"预防为主，综合防治"的方针，坚持"公共植保、绿色植保、科学植保"的理念，采用农业防治和生物防治相结合的综合防治技术。

（六）适时采收

青翘的适宜采收期为 8 月中下旬至 9 月上旬，老翘的最佳采收时间是每年 10 月至 11 月下旬。

（七）独特加工技术

青翘以身干、不开裂、色较绿者为上品。通过对水煮、气蒸、烘干和生晒 4 种炮制方法的对比研究，以连翘苷和连翘酯苷 A 含量为考察指标，结合实际操作及产品的外观、色泽，最终确定以 3～5 倍水煮 8 分钟为青翘最佳加工方法。

第五章

连翘加工技术

药材作为一种特殊的农作物，从种植、管理、采收、初加工到成为商品进入药材市场的生产链条中，采收与加工是两个重要环节。但目前这两个环节存在操作原始、技术落后、缺乏相关质量标准控制等问题，直接影响饮片的质量和药物的疗效。

连翘的质量除了与不同产地有关，还与产地加工、采摘时期有着直接关系。同一产地不同时期采摘的连翘有不同的加工方法，有效成分含量、质量标准也不同，建立全面统一的质量评价指标进行评价就显得十分必要。

采收直接影响药材的质量和产量，采收时间和采收方法是关键环节。适时采收包括采收期和采收年限的科学合理。

栽培连翘的目的是获得高产优质的药材产品。在栽培中，一要获得高产，二要提高有效成分含量。连翘的高产量和高质量除需要适宜的栽培技术和精细的管理外，与适时采收也有极为密切的关系。采收时间不当，不仅影响药材的产量，更会影响连翘药材的质量。文献记载："药物采收不知时，虽有药名终无药实，不及时采收，与朽木无殊。"在采集野生药材时，也有"三月茵陈，四月蒿，五月六月当柴烧"之说，这就充分说明，药用植物的适时采收具有十分重要的意义。只有掌握药用植物在生长发育过程中有效成分的积累与变化规律，才能达到优质高产的目的。

连翘产品有青翘和老翘之分，但从其有效成分连翘苷的积累来看，青翘中的含量高于老翘。这表明采收期不同会导致连翘有效成分含量有较大差异。因此，适时采收是保证连翘产品质量的关键环节。

一、青翘适宜采收期

由于连翘以野生资源为主，谁采摘谁受益，且缺乏统一管理，导致出现严重的"抢青"现象。在河北的太行山区，未等连翘果实长大，从 6 月中旬就开始有大规模提前采收的现象。崔旭盛等研究表明，6 月 14 日至 9 月 15 日采收的连翘果实中连翘苷和连翘酯苷 A 含量均符合《中国药典》要求，且呈现出随着采收期延后，连翘苷和连翘酯苷 A 含量均降低的趋势。但 7 月 1 日以及之前采收的连翘样品的性状和理化鉴别与 2015 年版的《中国药典》描述不符，最终确定连翘适宜采收期为 7 月中旬至 8 月下旬。而王琳等研究也表明，整个生长期内，连翘苷和连翘酯苷 A 含量均呈现整体下降趋势。多数抢青期幼果样品中连翘苷和连翘酯苷 A 含量高于正常采收期，但比较连翘千粒重的均值，发现正常采收期是抢青采收期的 3.8 倍。可以看出"抢青"对连翘产量会产生严重影响。为此，河北涉县、山西安泽、河南卢氏等地政府先后采取措施并出台严禁连翘抢青的公告，对遏制连翘抢青起到了一定作用。

研究表明，不同采摘时间，连翘果实的连翘苷、连翘酯苷 A 和挥发油含量均差异显著，其中 5 月 10 日连翘果实的连翘苷、连翘酯苷 A 含量均最高，分别为 1.87%、17.89%，随着时间推迟，连翘苷、连翘酯苷 A 含量均显著降低；连翘挥发油从 6 月 30 日开始形成积累，此时含量仅为 0.22%，之后显著增加，至 8 月 10 日挥发油含量最高，为 2.59%，8 月 10 日之后，挥发油含量呈不稳定降低趋势。不同时间单株连翘果实的连翘苷、连翘酯苷 A 积累量均呈显著上升又显著下降变化，6 月 10 日单株连翘苷积累量最大，达

1.33 克；6 月 30 日单株连翘酯苷 A 积累量最大，达 15.27 克；6 月
30 日后单株连翘果实的挥发油积累量显著增加，8 月 30 日单株连
翘挥发油积累量最大，达 3.93 毫升。连翘采收期和采收方法直接
影响连翘的药品质量。但由于连翘花期有时遭受倒春寒会严重减
产，加之囤积炒作等因素，价位偏高，致使连翘主产区的"抢青"
时有发生，进而导致连翘产量降低、质量下降。虽然连翘酯苷 A
和连翘苷的含量表现为抢青期高于正常采收早期，但抢青采收对青
翘产量的影响较大，造成青翘资源的严重浪费。更主要的是抢青期
青翘的化学物质基础与正常采收期有很大差异，可能会严重影响中
成药的疗效。

对于连翘主产区时有发生的"抢青"和滥采滥伐现象，当地政
府和国营林场应加强对连翘野生资源的监管和保护，由政府出台相
关规定，加大巡查力度，禁止连翘采青，如：2016 年河北省涉县
在全县范围内禁止连翘采青，发布了《关于严禁连翘采青的通告》，
其中规定了 2016 年 6 月 1 日至 7 月 15 日早晨 6 时整，任何连翘采
收行为均视为采青处理。通告的发布保障了连翘质量，促进了农民
增收。结合林权到户，控制连翘采收期，确保连翘适时采收；在连
翘主产区加大对《野生药材资源保护条例》的宣传，同时通过培训
学习提高农民和药商对连翘资源的保护意识；加强连翘野生抚育的
管理，同时做到连翘采收方法科学，最终达到增加连翘产量、确保
连翘品质、保障连翘产业可持续发展的目的。

野生连翘多生长在山坡沟沿上，并与各种杂草、灌木及乔木伴
生，采摘困难，在经济利益的刺激下，人们往往采用撤杈、折枝、
割梢的方式就地采摘，或折枝后带回家采摘，导致在连翘主产区的
山上到处可见连翘断树和散落在地上的被折断的连翘残枝，连翘资
源遭受不同程度的破坏。青翘中连翘酯苷 A、芦丁和连翘苷 3 种成
分的含量均以 7 月上旬最高，以后逐渐降低，故青翘以 7 月中下旬
采收为宜。

二、青翘产地加工技术

目前在连翘主产区，青翘炮制方法多样，有蒸制、煮制、生晒及烘烤等，炮制加工不规范，加工规模小，没有统一标准，缺乏管理，造成青翘质量参差不齐。有的地方青翘采用蒸制和煮制的炮制加工方法，蒸煮时间随意，药农都是凭经验操作，不同药农经验存在差异，均没有蒸制和煮制相关参数的量化指标。有的地方青翘不经蒸煮，直接生晒，晾晒时翻晒不及时，青翘外观色泽不一致，干湿不均匀，甚至发霉变质，导致标包入库后的二次晾晒，造成了人力、物力和财力的浪费；有的地方用炉火烘烤青翘，可能使青翘被炭中的硫和炭燃烧产生的灰尘污染，造成青翘的硫及灰分超标，严重影响了以青翘为主要原料的中成药在临床上的疗效。

要解决目前青翘产地加工存在的问题，就必须加强青翘加工炮制的规范化、标准化的研究，同时研制出一套流水化作业的连翘炮制加工机器，然后再到连翘主产区进行示范推广。宗建新、姜涛等以连翘浸出物、连翘酯苷 A 和连翘苷含量及抗氧化、抑菌活性作为评价指标，研究了青翘的炮制工艺条件，为生产提供了借鉴。

（一）不同加工方法对连翘指标成分的影响

使用不同加工方法，连翘果实中的连翘苷含量差异显著（表 5-1），汽蒸加工含量最高，为 0.63%，与生晒加工的连翘苷含量差异不显著，但二者显著高于生烘加工的连翘苷含量（0.28%），说明生烘加工可能会导致连翘苷流失。

使用不同加工方法，连翘果实中连翘酯苷 A 含量差异显著（表 5-1），汽蒸加工含量最高，为 7.54%，显著高于生晒加工与生烘加工的连翘酯苷 A 含量，生烘加工连翘酯苷 A 含量最低，为 2.07%。生晒加工与生烘加工均会导致连翘酯苷 A 流失。

使用不同加工方法，连翘果实中挥发油含量差异不显著（表 5 - 1），生晒加工的挥发油含量最高，为 2.77%，生烘加工和汽蒸加工的分别为 2.69%、2.41%。

表 5 - 1　使用不同加工方法连翘果实中连翘苷、连翘酯苷 A 及挥发油的含量（%）（宗建新，2022）

加工方法	连翘苷含量	连翘酯苷 A 含量	挥发油含量
生晒	0.53±0.02a	4.48±0.10b	2.77±0.25a
生烘	0.28±0.10b	2.07±0.12c	2.69±0.25a
汽蒸	0.63±0.08a	7.54±0.26a	2.41±0.19a

注：同列不同小写字母表示差异显著（$P < 0.05$）。

以上数据表明，汽蒸加工方法连翘苷、连翘酯苷 A 含量最高，生晒加工、生烘加工中，连翘苷、连翘酯苷 A 均有部分流失，且生烘加工中连翘酯苷 A 含量已经不符合 2020 年版《中国药典》要求，不同加工方法中连翘挥发油含量差异不显著，故汽蒸加工是连翘最合适的加工方法。

（二）不同干燥温度对连翘指标成分的影响

由不同干燥温度下的连翘苷色谱图可知（图 5 - 1），干燥温度 50～110℃的连翘苷色谱峰面积大小与对照峰面积相比无显著变化；由表 5 - 2 可知，在干燥温度 50～110℃处理中，连翘苷含量范围为 0.70%～0.74%，与对照相比均无显著差异，表明干燥温度对连翘苷含量无显著影响。

由不同干燥温度下的连翘酯苷 A 色谱图可知（图 5 - 2），干燥温度 50～110℃的连翘酯苷 A 色谱峰面积大小与对照峰面积相比亦无显著变化；由表 5 - 2 可知，在干燥温度 50～110℃处理中，连翘酯苷 A 含量范围为 9.28%～9.35%，与对照相比均无显著差异，表明干燥温度对连翘酯苷 A 含量无显著影响。

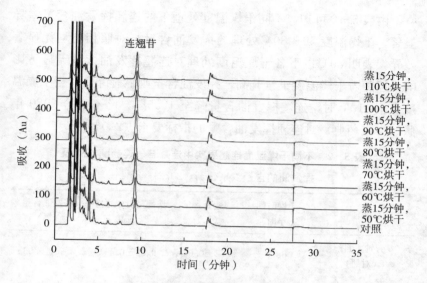

图 5-1 不同干燥温度连翘苷色谱图（宗建新，2022）

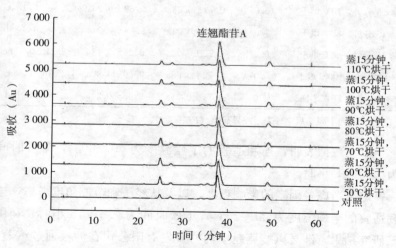

图 5-2 不同干燥温度连翘酯苷 A 色谱图（宗建新，2022）

由表 5-2 可知，不同干燥温度处理下的连翘挥发油含量差异显著。干燥温度 50～80℃ 处理的挥发油含量与对照相比均无显著差异，表明 80℃ 以下各干燥温度处理对连翘挥发油含量无显著影响；但随着干燥温度继续升高，挥发油含量则显著降低，当干燥温度升至 110℃ 时，连翘挥发油含量降至 1.95%，已不符合 2020 年版《中国药典》对连翘挥发油含量的指标要求（2.0%）。

表 5-2　不同干燥温度连翘果实中连翘苷、连翘酯苷 A 及
挥发油的含量（宗建新，2022）

处理	干燥时间（小时）	连翘苷含量（%）	连翘酯苷 A 含量（%）	挥发油含量（%）
蒸 15 分钟，自然晒干（对照）	68.0	0.72±0.06a	9.29±0.11a	2.56±0.06a
蒸 15 分钟，50℃烘干	18.0	0.71±0.04a	9.31±0.19a	2.50±0.18a
蒸 15 分钟，60℃烘干	14.0	0.70±0.05a	9.28±0.25a	2.47±0.07ab
蒸 15 分钟，70℃烘干	10.5	0.73±0.03a	9.33±0.26a	2.42±0.12abc
蒸 15 分钟，80℃烘干	7.5	0.73±0.04a	9.35±0.24a	2.43±0.08ab
蒸 15 分钟，90℃烘干	6.0	0.72±0.02a	9.28±0.18a	2.21±0.11bc
蒸 15 分钟，100℃烘干	5.0	0.72±0.08a	9.29±0.22a	2.16±0.05c
蒸 15 分钟，110℃烘干	4.0	0.74±0.05a	9.35±0.20a	1.95±0.13d

注：同列不同小写字母表示差异显著（$P<0.05$）。

以上数据表明，连翘适宜的干燥温度为 50～80℃，干燥时间为 7.5～18 小时。

综合考虑各因素的影响程度，以及从经济和节能角度考虑，连翘适宜的干燥温度为 50～80℃，干燥时间为 7.5～18 小时。利用该研究结果，涉县以岭燕赵中药材开发有限公司在涉县通过汽蒸，"杀酶保苷"，最大限度地保留有效成分，生产出的青翘外观较油润，有光泽，连翘苷和连翘酯苷 A 含量均一稳定。

（三）青翘的采收和炮制

8月至9月上旬采收连翘未成熟的青色果实。

（1）采收。青翘是指在连翘果实大小不再增长，但是还未成熟时进行采摘、加工而制成的中药材。青翘的采收首先要注意的是掌握合适的采收时间，采摘时连翘果实已经长到最大，但是果皮依然是青绿色。采摘时间不可过早，若在8月之前采摘，会大大降低青翘的有效成分含量和药效。但也不能过晚采摘，否则连翘果实变黄，内含有效成分数量和种类已经不同于青翘。另外，青翘的采收一定要避开雨季，并且要掌握至少采前一周的天气情况，避免阴雨天气，以免青翘发霉变质。

青翘采收过程中，连翘的枝叶还依然具有较强的生理活动能力，这时要适当注意不要采用折断枝条的方式采收，以免影响连翘的整枝修剪。同时，也应该尽量不碰掉过多叶片和腋芽，这样不仅有利于保护植株生长和翌年花芽，同时也可以减少所采连翘果实中杂质的数量，方便进一步的加工和炮制，提高连翘的质量。

（2）产地加工。新采青翘果实要经过简单的炮制才能出售给药材商或药厂。青翘含水量高，如不及时处理，极易发热变黑，发生变质，故采收后的青翘要及时杀青处理，可极大保留药用有效成分。新鲜的青翘果实一般使用蒸煮和晾晒两种方式进行简单杀青炮制。

三、老翘产地加工技术

由于连翘的采收时间与农忙季节正好冲突，所以药农会在秋冬季闲暇时上山采老翘，如果遇到有流感发生的年份老翘价格会升高，有些产区的药农采收老翘的时间为当年的10月至第二年的连翘开花之前，导致老翘的质量参差不齐。

（一）老翘的采收

老翘的采收时间一般在 10 月中旬至 11 月下旬，这时连翘在枝条上已经由绿色变成亮黄色，连翘果尚未开裂或部分开裂。老翘采收时，以较为晴朗、很少发生连阴雨的天气为宜，此时的连翘含水量较少，一般比较容易晒干，不易发生霉变。

老翘的采收要注意避免伤害植株的枝条和枝条上的腋芽，以免影响翌年的开花数量和株形。老翘一般在 11 月底前采收完毕，不然会降低老翘的有效成分含量和外观质量。如果连翘成熟开裂后一直挂在枝条上不进行采收，那么连翘果实就会经历自然界的风吹日晒和雨雪淋洗，这样其色泽不再是亮黄色，且有效成分会丢失。此外，不及时采摘老翘也会影响冬季的整形修剪和翌年的开花结果。因此，连翘果实一旦成熟，就应及时采摘，以保证老翘的质量。

（二）老翘的产地加工

新采收的老翘果实应先进行晾晒，在晾晒过程中除去叶片、枝条和芽等杂质，同时也除去连翘果实中的种子，只剩下连翘壳，经过进一步干燥后就可以装在麻袋或其他透气的容器中，放置在阴凉、干燥和通风的环境中保存。对于已经在枝条上开裂且种子掉落的老翘，可以在采摘后经过除杂处理，直接包装保存。

（三）连翘心的采收

连翘心也是一味常用的中药材，其采收时间一般是 10 月上旬至 11 月初、连翘成熟果实未开裂时。一般在 10 月初连翘开始转黄时即可采收，将所采收果实放在干净的场地晾晒。连翘果实开裂时经常敲打抖动，使连翘籽从果实中脱落，将收集的连翘心进行去杂处理，再在阳光下晾晒。晒干的连翘心可装于透气的容器，并放置在阴凉、通风和干燥处保存。

四、连翘的贮藏

包装好的连翘药材贮存在清洁卫生、阴凉干燥、通风、防潮、防虫蛀、防鼠、防鸟、无异味的库房中，保持温度 30℃ 以下，为防止吸潮变质，药材需离墙 50 厘米以上、离地面 10 厘米以上。堆放层数以 10 层之内为宜，定期检查与养护。

第六章

连翘质量评价

一、药典标准

2020 年版《中国药典》规定连翘为木犀科植物连翘 *Forsythia suspensa*（Thunb.）Vahl 的干燥果实。秋季果实初熟尚带绿色时采收，除去杂质，蒸熟，晒干，习称"青翘"；果实熟透时采收，晒干，除去杂质，习称"老翘"。

1. 性状 本品呈长卵形至卵形，稍扁，长 1.5～2.5 厘米，直径 0.5～1.3 厘米。表面有不规则的纵皱纹及多数凸起的小斑点，两面各有 1 条明显的纵沟。顶端锐尖，基部有小果梗或已脱落。青翘多不开裂，表面绿褐色，凸起的灰白色小斑点较少；质硬；种子多数，黄绿色，细长，一侧有翅。老翘自顶端开裂或裂成两瓣，表面黄棕色或红棕色，内表面多为浅黄棕色，平滑，具一纵隔；质脆；种子棕色，多已脱落；气微香，味苦。

2. 鉴别

（1）果皮横切面。外果皮为 1 列扁平细胞，外壁及侧壁增厚，被角质层。中果皮外侧薄壁组织中散有维管束；中果皮内侧为多列石细胞，长条形、类圆形或长圆形，壁厚薄不一，多切向镶嵌状排列，并延伸至纵隔壁。内果皮为 1 列薄壁细胞。

（2）取本品粉末 1 克，加石油醚（30～60℃）20 毫升，密塞，超声处理 15 分钟，滤过，滤液回收溶剂至干，残渣加乙醇 5 毫升使溶解，作为供试品溶液。另取连翘对照药材 1 克，同法制成对照药材溶液。照薄层色谱法（通则 0502）试验，吸取上述两种溶液各 3 微升，分别点于同一硅胶 G 薄层板上，以环己烷-甲酸乙酯-甲酸（15∶10∶0.25）为展开剂，展开，取出，晾干，喷以 10％硫酸乙醇溶液，在 105℃加热至斑点显色清晰，分别置日光及紫外光灯（365 纳米）下检视。供试品色谱中，在与对照药材色谱相应的位置上，日光灯下显相同颜色的斑点，紫外光灯下显相同颜色的荧光斑点。

3. 检查　杂质：青翘不得过 3％，老翘不得过 9％；水分：不得过 10.0％；总灰分：不得过 4.0％。

4. 浸出物　用 65％乙醇作溶剂，青翘不得少于 30.0％；老翘不得少于 16.0％。

5. 含量测定

（1）挥发油照挥发油测定法（通则 2204 测定法中的甲法）测定。本品青翘含挥发油不得少于 2.0％（毫升/克）。

（2）连翘苷照高效液相色谱法（通则 0512）测定。

①色谱条件与系统适用性试验。以十八烷基硅烷键合硅胶为填充剂；以乙腈-水（25∶75）为流动相；检测波长为 277 纳米。理论板数按连翘苷峰计算应不低于 3 000。

②对照品溶液的制备。精密称取连翘苷对照品适量，加甲醇制成每 1 毫升含 0.2 毫克的溶液，即得。

③供试品溶液的制备。取本品粉末（过 5 号筛）约 2 克，精密称定，置具塞锥形瓶中，精密加入甲醇 25 毫升，称定重量，超声处理（功率 250 瓦，频率 40 千赫兹）25 分钟，放冷，再称定重量，用甲醇补足减失的重量，摇匀，滤过，精密量取续滤液 10 毫升，置 25 毫升量瓶中，加水稀释至刻度，摇匀，滤过，取续滤液，即得。

④测定法。分别精密吸取对照品溶液与供试品溶液各 10 微升，

注入液相色谱仪，测定，即得。

本品按干燥品计算，含连翘苷（$C_{27}H_{34}O_{11}$）不得少于 0.15%。

（3）连翘酯苷 A 照高效液相色谱法（通则 0512）测定。

①色谱条件与系统适用性试验。以十八烷基硅烷键合硅胶为填充剂；以乙腈-0.4%冰醋酸溶液（15：85）为流动相；检测波长为 330 纳米。理论板数按连翘酯苷 A 峰计算应不低于 5 000。

②对照品溶液的制备。取连翘酯苷 A 对照品适量，精密称定，加甲醇制成每 1 毫升含 0.1 毫克的溶液，即得（临用配制）。

③供试品溶液的制备。取本品粉末（过 5 号筛）约 0.5 克，精密称定，置具塞锥形瓶中，精密加入 70%甲醇 15 毫升，密塞，称定重量，超声处理（功率 250 瓦，频率 40 千赫兹）30 分钟，放冷，再称定重量，用 70%甲醇补足减失的重量，摇匀，滤过，取续滤液，即得。

④测定法。分别精密吸取对照品溶液与供试品溶液各 10 微升，注入液相色谱仪，测定，即得。

本品按干燥品计算，青翘含连翘酯苷 A（$C_{29}H_{36}O_{15}$）不得少于 3.5%；老翘含连翘酯苷 A（$C_{29}H_{36}O_{15}$）不得少于 0.25%。

二、质量评价

连翘酯苷和连翘脂素类是连翘的主要药理活性成分或特征成分，因此在评价连翘及其质量时，往往以这些化合物作为主要指标。

1. 薄层层析鉴别　称取药材粉末（24 目）约 0.03 克，加入甲醇 5 毫升，于 70℃水浴加热回流 1.5 小时。过滤，回收甲醇，蒸干，加甲醇溶解成 1 毫升溶液。取硅胶 G 20 克，加 5% NaH_2PO_4 水溶液 50 毫升研成糊状，用铺板机涂布于 20 厘米×10 厘米玻板上，室温晾干，105℃活化 1 小时，放冷，备用。

（1）展开剂。

①丁酮-乙酸乙酯-苯-甲酸-水（4：3：3：1：1），以有机相为展开剂。

②丙酮-氯仿-甲酸（8：2：0.5）。

（2）薄层层析。将样品液和对照品液连翘酯苷（溶于甲醇）间隔点于薄层上，放入层析缸。层析前，薄层和层析缸用展开剂饱和0.5 小时，然后展开，展距 12 厘米，取出，晾干。在紫外灯（365 纳米）下观察。

①用展开剂展开后，在 Rf 0.6 处，对照品和样品显现黄绿色荧光斑点。

②用展开剂展开后，在 Rf 0.25 处，对照品和样品显现黄绿色荧光斑点。

2. 连翘酯苷的薄层扫描法测定

（1）供试液制备。精密称取样品粉末（24 目）约 0.15 克，置50 毫升圆底烧瓶中，加甲醇 15 毫升，于 70℃水浴加热回流 1.5 小时，滤过。用少量甲醇洗涤滤渣，合并滤液，回收甲醇至微量或蒸干。转入 5 毫升容量瓶（连翘种子样品处理液转入 10 毫升容量瓶）中，用甲醇稀释至刻度。每种样品制备 4 份样品液。精密称取连翘酯苷对照品 1.85 毫克，加甲醇稀释至 2.00 毫升。

（2）薄层制备。取硅胶 G 20 克，加 5% NaH_2PO_4 水溶液50 毫升研成糊状，用铺板机涂布于 6 块 20 厘米×10 厘米玻板上，室温晾干，105℃活化 1 小时，放冷，备用。

（3）展开。用微量注射器将对照品液和样品液定量点于薄层板上，薄层板和层析缸用展开剂饱和 30 分钟。

展开剂为丁酮-乙酸乙酯-苯-甲酸-水（4：3：3：1：1），以有机相为展开剂，展开，展距 12 厘米，取出，晾干，在紫外灯（365纳米）下观察黄绿色荧光斑点，定位。

（4）扫描条件。光源为氙灯，吸收波长 $\lambda_s = 330$ 纳米，参比波

长 $\lambda_R=260$ 纳米，双波长反射法扫描。

（5）标准曲线的绘制。分别吸取连翘酯苷对照品液 1.0、2.0、3.0、4.0、5.0、6.0 微升，点样于同一薄层上，按上述条件展开后，定位，扫描。以对照品微克数为横坐标、斑点面积值为纵坐标作图，连翘酯苷 0.9～5.5 微克浓度范围内与斑点扫描积分面积值呈线性关系。回归方程为 $y=28\,528.13+46\,478.39x$，相关系数 $r=0.999\,3$。

3. 咖啡酸、芦丁、连翘酯苷、连翘苷和连翘脂素的 HPLC 测定

①供试液的制备。精密称定样品粉末（40 目）约 1.0 克，加入甲醇 10.0 毫升，振摇，冷浸过夜，超声振荡提取 25 分钟。过滤，取 4.0 毫升滤液，加水 1.0 毫升振摇后，40 000 转/分钟离心 10 分钟，过滤即得。

②对照液的制备。精密称取各对照品置容量瓶中，以甲醇溶解并稀释至刻度，其中含咖啡酸、芦丁、连翘苷和连翘脂素各 1.0 克/毫升，连翘酯苷 5.0 克/毫升。

③色谱条件。用 250 毫米×4.6 毫米不锈钢柱，固定相为 Nucleosil C18，以 A 甲醇（含 1% 四氢呋喃）、B 水（含 0.01 摩尔/升磷酸二氢钾，pH 为 3.2）为流动相进行梯度洗脱，温度（22±1）℃，流速 1 毫升/分钟，检测波长 280 纳米。

三、有效成分

连翘的有效成分十分复杂，据现有资料记载，连翘主要含有连翘苷、连翘酯苷、连翘酚、挥发油类、芦丁、熊果酸、齐墩果酸、牛蒡子苷、连翘醇苷、松脂素、罗汉松脂苷、桦木酸、微量元素、蛋白质及其他成分。目前对有效成分研究较多的有挥发油、连翘苷和连翘酯苷，尤以挥发油研究更为详细。

1. 挥发油的含量 采用 GC - MS 法对不同产地连翘果实中挥

发油成分进行了分析测定，结果表明，不同产地连翘果实中挥发油含量不同。化学成分含量的差异是导致药材质量差异的主要原因。

2. 连翘苷的含量　连翘苷是连翘的有效成分，且是连翘的主要特征成分。在对连翘及连翘相关制剂（如银翘解毒片、双黄连注射液、抗病毒口服液等）的质量评价中，多以连翘苷的含量作为主要指标。《中国药典》中也以连翘苷作为指标成分控制连翘质量，并规定连翘药材中连翘苷含量应不低于 0.15％。经研究认为，连翘苷是连翘药材最强的活性成分，连翘药材所具有的清热解毒、消炎、抑菌等功效，多为连翘苷所显示的作用结果。

3. 连翘酯苷的含量　连翘酯苷具有极强的抗菌及抗病毒活性，为其特征性有效成分之一，连翘酯苷对弹性蛋白酶具有一定的抑制作用，这对治疗肺气肿等疾病可能有效。因此，连翘酯苷含量的多少是评价连翘药材质量优劣的指标之一。

4. 连翘齐墩果酸的含量　经试验证明，连翘药材有效成分之一的齐墩果酸亦具有清热解毒、消炎、抑菌、强心利尿和抑制 S-180 瘤株生成的作用，有明显降低血清谷丙转氨酶活性作用，因此对连翘药材齐墩果酸含量的测定，也可作为评价连翘药材品质的指标之一。

四、商品规格

（一）产品规格

根据中华人民共和国卫生部、国家医药管理局制定的药材商品规格标准，连翘分黄翘和青翘 2 种规格，不分等级。

（1）黄翘规格。统货标准：干货。呈长卵形或卵形，两端狭长，多分裂为两瓣。表面有 1 条明显的纵沟和不规则的纵皱纹及凸起小斑点，兼有残留果柄。表面棕黄色，内面浅黄棕色，平滑，内有纵隔，质坚脆，种子已脱落。气微香，味苦。无枝梗、种子、杂质、霉变。

（2）青翘规格。统货标准：干货。呈狭卵形或卵形，两端狭长，多不开裂。表面青绿色，有2条纵沟和凸起小斑点，内有纵隔，质坚硬。气芳香，味苦。间有残留果柄，无枝叶及枯翘、杂质、霉变。

（二）质量监测

（1）主要成分监测。连翘果实含有连翘酚、甾醇化合物 $C_{49}H_{(74\sim80)}O_6$、皂苷、黄酮醇苷类等，果皮含有齐墩果酸、生物碱等，均用 HPLC 法测定。

（2）重金属及农药残留含量的限度。按《药用植物及制剂进出口绿色行业标准》规定的 Pb≤0.5 毫克/千克、Cd≤0.3 毫克/千克、Hg≤0.2 毫克/千克、Cu≤20.0 毫克/千克、As≤2.0 毫克/千克、六六六≤0.1 毫克/千克、DDT≤0.1 毫克/千克执行。

（3）对连翘 GAP 基地生存环境监测结果。土壤及灌溉水的公害元素 Cu、Pb、Cd、Hg、As 均未超标。土壤符合 GB 15618—2018《土壤环境质量　农用地土壤污染风险管控标准（试行）》中的土壤质量二级标准，空气符合 GB 3095—2012《环境空气质量标准》中的大气环境二级标准，灌溉水符合 GB 5084—2021《农田灌溉水质标准》。

五、真伪鉴别

（一）连翘与秦连翘的鉴别

连翘始载于《神农本草经》，经考证为金丝桃科植物湖南连翘的全草。木犀科连翘的应用始自宋代，后逐渐成为药用连翘的主流品种，2020 年版《中国药典》收载的连翘为木犀科连翘 *Forsythia suspensa*（Thunb.）Vahl 的干燥果实，性味苦，微寒。归肺、心、小肠经。具有清热解毒、消肿散结、疏散风热功能。为了规范连翘药材产品，保证连翘药材安全有效，需将正品连翘与混伪品作真伪鉴别。

1. 分类学上的主要特征   正品连翘及伪品都出自木犀科连翘属，形态特征虽有差别，但较难区分；同时，连翘临床用量大、用药范围广，其产品的真伪直接关系病人的利益和医生的治病效果，应从果实的性状、果皮的表面特征以及种子的颜色、形状等方面加以区别和鉴别。

2. 连翘与秦连翘的薄层色谱鉴别   按照薄层色谱法［《中国药典》（1995 年版 一部）附录 V1B］试验测定，连翘与秦连翘两者的化学成分有较大区别，截至目前，尚未见秦连翘可供药用的报道，故不应当连翘使用。

3. 连翘与秦连翘的显微鉴别

（1）果皮粉末鉴别。

①连翘果皮粉末。淡黄棕色，纤维束上下层纵横交错排列，纤维呈短梭状，稍弯曲或形状不规则，长 82～220 毫米，直径 25～32 毫米，部分纤维侧壁厚薄不均一。石细胞甚多，长方形至多角形，直径 36～43 毫米，有的三面壁较厚，一面较薄。层纹及纹孔明显。外果皮细胞呈多角形，表面观有不规则或网状角质纹理，断面观呈类方形，直径 24～30 毫米。

②秦连翘果皮粉末。淡灰白色，纤维比连翘多、稍大且长，直径 45～80 毫米，长 220～330 毫米。壁厚薄不均匀，石细胞少而细小，类方形至多角形，直径 20～36 毫米，纹孔明显。

（2）果皮横切面鉴别。

①连翘果皮横切面。外果皮为一列切向延长的扁平细胞，外被角质层；中果皮为 10～30 列排列的薄壁细胞组织，中果皮内分布众多维管束，大小不一，韧皮部不明显，木质部为少数细胞导管，

内侧常见木质化的纤维束，有时可见石细胞群。内果皮为近 10 列的厚壁组织，纵横交错排列，大部分为木质化的纤维束，并夹带有石细胞群，其壁常厚薄不均。最内层可见 1 列较小、切向延长的扁平细胞，为内表皮。

②秦连翘果皮横切面。与连翘不同之处为秦连翘中果皮薄细胞组织列数较少，10～20 列，中果皮维管束较少，内果皮为近 10 列纵横交错的木质化纤维组织，石细胞不明显。

（3）种子横切面鉴别。

①连翘种子横切面。呈椭圆形，有 2～3 个棱角，其中一角似翼，占全长的 1/3 左右。种皮外皮细胞单列，类方形，排列整齐，营养细胞有些已退化，少见细小方晶。外胚乳棕黄色，狭窄，条丝状，内胚乳宽广，细胞多角形，中心子叶两片。大部分细胞含脂肪油滴。

②秦连翘种子横切面。与连翘不同之处为秦连翘种子横切面呈长梭形，两头尖，其中一面有 1 个明显突起的棱角，两面有 2 个微微突起的棱角，另一面有 1 个微微突起的棱角。

（二）连翘与金钟花（狭叶连翘）的鉴别

1. 连翘与金钟花的显微鉴别

（1）连翘宿柄横切面。表皮细胞 1 列，类长方形，排列整齐，外被一层厚约 3 毫米的角质层，该层似垂周壁增厚样。外皮层细胞 6～10 列，类长方形，排列较整齐；外层数列多含黄棕色色素。内皮层细胞多角形，较大，黄色，在外皮层与内皮层之间有石细胞。韧皮部狭窄，外侧有纤维群继续排列成环。木质部较宽广。髓部较小，中心细胞稍增厚组成类方形。

（2）金钟花宿柄横切面。与连翘不同之处为金钟花宿柄表皮细胞类方形或类长方形，角质层稍薄。外皮层细胞 2～4 列，排列整齐，壁稍增厚，淡黄色，有疣状外凸的细胞堆。内皮层较宽广，类圆形或类椭圆形，淡黄色，两层交界无石细胞群。木质部稍窄，髓部较大，中心微木质化的亚细胞也稍大，且中心纹多而清楚。

2. 连翘与金钟花紫外吸收光谱分析　据对连翘与金钟花紫外吸收光谱的研究表明，用岛津 UV‐265 型可见紫外分光光度计测定，在波长 200～260 纳米范围内扫描，连翘在 242 纳米处有一吸收峰，而金钟花在 281 纳米、242 纳米处均有吸收峰。结果表明，两者的 UV 谱区别较大。

3. 连翘与金钟花薄层层析分析　据研究，在紫外线分析仪下观察荧光点，金钟花呈粉红色，青翘中心点微红，其余均为亮淡蓝色；后又经石油醚：苯：乙酸乙酯：乙酸（10：20：6：0.5）展开系统展开至 13 厘米处；取出，又在紫外线分析仪下观察荧光结果；然后用碘蒸气熏。结果表明，各斑点均为黄棕色，而且表明两者的荧光和碘熏后的斑点与连翘对照品基本一致，差别甚微。因此认为金钟花是值得研究开发利用的新资源。

（三）连翘与紫丁香果实的生药果实性状及显微鉴别

紫丁香为木犀科植物紫丁香（*Syringa oblata* Lindl.）的干燥果实，目前在紫丁香生长地区有将果实混作连翘使用的情况。为了保证用药安全有效，对其混伪品应予以鉴别，现就其果实性状作描述。

连翘，蒴果，果卵球形、卵状椭圆形或长椭圆形，长 1.5～2.5 厘米，宽 0.5～1.3 厘米，先端喙状渐尖，表面疏生皮孔；果梗长 0.7～1.5 厘米。

丁香，蒴果，种子扁平，有翅；子叶卵形，扁平；胚根向上。

连翘与丁香的果实鉴别见本书后彩插。

（1）紫丁香果实性状。紫丁香果实为单果，长卵形，顶端尖锐，稍扁，长 0.96～1.5 厘米，直径 0.2～0.6 厘米，自顶端开裂或裂成 2 瓣，果瓣形似鸡嘴，略向外反曲，果实表面黄棕色或红棕色，有光泽，具不规则皱纹及众多疣状突起，并在中部至顶端分布较均匀，近果实顶端有灰白斑；每瓣果皮的中央各有 1 条凹沟；内表皮浅黄棕色，光滑，中央有一纵隔；基部有小果柄，少数脱落，偶具宿萼；质脆，断面不平坦，种子已脱落，无味。

（2）紫丁香组织特征。

①果皮横切面。外果皮为 1 列薄壁细胞，切向延长，排列整齐紧密，外被角质层，细胞内多含有不规则团块状物质，疣状突起处可见薄壁组织隆起，外果皮在此处断裂消失。中果皮由 2～12 列薄壁细胞组成，切向延长，呈长圆形，细胞内多含有团块状物质。外韧型维管束较多，散在韧皮部被挤扁。木质部导管纵向排列。中果皮内侧部位有一空隙，其中分布有少量石细胞和大量纤维。内果皮为 5～17 列石细胞与纤维，占果皮厚度的 1/2～3/4，主要为纤维，圆形或多角形，孔沟与层纹明显，胞腔较小；石细胞排列在外侧，少数地方间断而嵌入其中，1～3 列，长圆形或类圆形，孔沟明显，层纹隐约可见，胞腔大小不一。

②果柄横切面。表皮细胞 1 列，扁平，类长方形，切向延长，外被角质层，少数细胞破碎，细胞内有团块状或长条状内含物。皮层细胞 5～8 列，长圆形或类圆形，壁略增厚，排列疏松不整齐，近内侧有 1 列石细胞，椭圆形、类圆形或类三角形，断续环绕，孔沟明显，有的可见层纹。韧皮部狭窄，细胞被挤碎，切向延长，少数间断，木质部由纤维、导管组成，纵向排列呈放射状，占果柄半径的 1/4～1/3。髓部细胞类圆形，大小不一，排列整齐，细胞壁厚，木质化，较多为木质化网纹细胞。

（3）紫丁香粉末特征。

①石细胞较少，类圆形、长圆形或类三角形，大多单个散在，少数二三成群，长 40～136 微米，直径 28～40 微米，壁厚 12～128 微米，有的胞壁一边较薄，纹孔疏密不一，多数层纹不明显。

②纤维较多，散在，或成束，长棒形或长梭形，大多断开，长

128～592 微米，直径 8～32 微米，边缘平整，末端稍尖或钝圆，木质化，纹孔细小，胞腔较大，中间较窄，两端扩大或宽窄不规则。

③外果皮细胞少见，无色，或淡棕黄色，表面观类方形或类多角形，垂周壁增厚，细胞内充满棕黄色颗粒状物质，外平周壁具角质层纹理，断面观类方形，外被角质层。

④中果皮细胞较多，为薄壁细胞，棕黄色，类圆形，或不规则形，细胞内含有较多棕黄色细颗粒状物。

⑤导管为梯纹导管，直径 21 微米，微木质化，偶见螺纹导管。

综上所述，连翘与紫丁香在果实性状和显微构造（包括果皮横切面、果柄横切面及粉末特征）方面存在一定差异，可为鉴别这两种生药提供依据。

第七章

连翘现代药理研究及综合利用

连翘资源大、产业小，以连翘为原料的重大新药创制及相关健康产品数量少，中药农业与中药工业的产业关联度不高；其次，产业规模小、经济规模小，集中度低，投入不足；因而缺乏产品品牌，除个别连翘产品品牌外，整体相关产品知名度低。2000 年版《中国药典》中有 33 种中成药以连翘为主要成分。连翘是抗病毒口服液、双黄连口服液、双黄连粉针剂、银翘解毒合剂、银翘解毒丸、VC 银翘解毒片等常用中成药的主要原料，年销售额在 10 亿元以上。

以连翘为主要成分的连花清瘟胶囊在国家卫生健康委员会2018 年 1 月 11 日发布的《流行性感冒诊疗方案（2018 年版)》中被列为流感推荐用药，自 2019 年以来的"新冠"疫情斗争中，国家和各地发布的防治疫情的中药处方中，经常可以见到连翘之名。连翘入药用量如此广泛，加大连翘相关产品的开发势在必行。

连翘相关产品的开发可按照近期、中期和远期 3 个不同的层次进行。近期的产品主要包括青翘、饮片（老翘）、《中国药典》标准连翘提取物、连翘功能食品及连翘茶等的开发；中期的产品主要是利用连翘花开发黄色食用色素、连翘蜜，利用连翘籽开发连翘籽油，用连翘籽中提取的挥发油开发连翘药物牙膏等；远期的产品主要包括新型药物等的研发，利用连翘具有清除自由基和抗氧化的作用，开发预防和治疗由活性氧引起的衰老、心脑血管、高血脂、老年性痴呆症甚至癌症等疾病的新型药物和新型的天然食品抗氧化剂。

一、化学成分

连翘含有多种化学成分，主要包括苯乙醇苷类、木脂素类、黄酮类、萜类以及挥发油类等。其中，挥发油类成分是连翘发挥药理作用的主要物质基础之一，主要成分包括 α-蒎烯、β-蒎烯、香桧烯和松油烯-4-醇等。

1. 苯乙醇苷类　苯乙醇苷类化合物是连翘的标志性成分，也是连翘中含量较高、发挥药效活性的主要成分群。其中连翘酯苷 A 是连翘含量最高的活性成分，占 0.2%～11%，也是 2020 年版《中国药典》含量测定的指标性成分。

2. 木脂素类　木脂素类物质是连翘果实中重要的特征性成分，主要分布在中果皮及胚乳部位。目前，已从连翘中分离出多种木脂素类化合物，根据结构母核，主要为双环氧木脂素类、单环氧木脂素类、木脂内酯类、简单木脂素类、环木脂素类。

3. 酚酸类及其衍生物　在连翘果实中，提取到的酚酸类及其衍生物较多，包括对羟基苯乙酸、香草酸、咖啡酸甲酯、绿原酸、对羟基苯乙醇、没食子酸、原儿茶醛、丹参素甲酯、对羟基苯甲酸、阿魏酸等。

4. 黄酮类　黄酮类化合物在自然界中广泛存在，并且该类物质药理活性较高，具有保护神经系统、抑菌和抗炎等功效。从连翘的果实、叶片、花中分离的黄酮类化合物有多种，如异鼠李素、翻白叶苷 A、山奈酚、芦丁、橙皮苷、紫云英苷、金丝桃苷、黄芩苷等。

5. 萜类以及挥发油类　连翘果实中，挥发油含量丰富，如倍半萜、单萜醇、单萜、三萜、环烯醚萜类化合物，通过分离鉴定，可分离出较多类型，即龙脑、4-萜品醇、α-蒎烯、乙酸松油酯。萜类在连翘果实中广泛存在，其成分包含多种，如商陆种酸、五福花苷酸、齐墩果酸、白桦脂酸以及熊果酸等。

6. C6-C2 天然醇及其苷类 从连翘果实中分离的 C6-C2 天然醇及其苷类物质包括连翘环己醇苷 C、连翘醇、异连翘醇、连翘醇酯、连翘环己醇苷 A 等。

7. 其他化学成分 从连翘果实中分离鉴定的化学成分还有生物碱类物质、甾醇类物质等。

二、现代药理研究

1. 抗菌作用 连翘为广谱性抗菌药材，对多种革兰氏阳性细菌均有抑制作用。连翘所含的有效成分中，连翘酚具有抗病原微生物的作用，对金黄色葡萄球菌及痢疾杆菌的抗菌效力最大，对溶血性链球菌、肺炎双球菌亦有抑制作用；苯乙醇苷类具有较强的抗菌活性；连翘酯苷对金黄色葡萄球菌等 11 种致病菌均有极强的抑制作用；体外试验发现连翘有极强的摧毁细菌内毒素的作用；连翘挥发油对金黄色葡萄球菌、肺炎双球菌、白色念珠菌有明显的抑制作用。

同时，连翘种子油对亚洲甲型流感病毒有明显的抗病毒作用。对细菌和真菌，尤以金黄色葡萄球菌、肺炎杆菌、甲型和乙型溶血性链球菌、福氏痢疾杆菌及甲型副伤寒杆菌、白色念珠菌和热带念珠菌的抗菌作用更为明显。

连翘对结核杆菌也有抑制作用。连翘水浸剂与煎剂的抗菌作用无大差别。连翘与金银花同用，不显示协同作用。复方连翘注射液（板蓝根、金银花、贯仲、黄连、生石膏、钩藤、甘草、连翘、知母、龙胆草）静脉注射对流脑的疗效很高。将原味药制成 10 个单味肌内注射液，做生物敏感实验，结果显示，连翘等 4 味中药对脑膜炎双球菌的抑制作用最强。

2. 抗炎作用　大鼠巴豆油性肉芽囊实验证明，以每 1 千克大鼠体重用 50%的连翘醇提取物水溶液 20 毫克进行腹腔注射，有非常明显的抗渗出作用及降低炎灶微血管壁脆性的作用，而对炎性屏障的形成却无抑制。用^{32}P 标记红细胞试验也观察到其渗入已注射连翘提取物水溶液的大鼠巴豆油性肉芽囊内的数量明显减少，表明连翘尚能促进炎性屏障的形成。复方连翘注射液具有明显的抗炎作用，能降低大鼠和小鼠毛细血管通透性，减少炎性渗出。对蛋清所致足爪水肿有抑制作用，并能增强小鼠炎性渗出细胞的吞噬能力，从而增强机体的防御功能。清胆注射液（连翘、金银花、蒲公英、竹叶、黄芩、柴胡、枳实、大黄、龙胆草、丹参、姜半夏）具有促进特异性抗体形成、增强抗炎细胞吞噬功能的作用，含有对抗组胺药物抗炎性物质，具有降低毛细血管通透性和抗炎作用。

3. 解热作用　以每 1 千克家兔体重，用连翘煎剂 4 克（生药）灌胃，可使静脉注射夏枯草浸液引起的家兔体温升高显著下降，1.5 小时后恢复正常，以后降至正常体温以下。复方连翘注射液也有明显的解热作用，能降低伤寒菌苗所致的家兔发热，也能降低正常家兔的体温。

4. 镇吐作用　连翘煎剂灌胃能抑制家鸽由静脉注射洋地黄引起的催吐，减少呕吐次数，但潜伏期无明显改变。其镇吐效果与注射氯丙嗪 2 小时后的作用相仿，也能抑制犬皮下注射对阿扑吗啡所引起的呕吐，减少呕吐次数并延长潜伏期，说明连翘可作用于延髓的催吐化学感受区而产生镇吐作用。

5. 利尿强心作用　以每 1 千克犬体重，用 100%的连翘注射液 0.25 克进行静脉注射，对麻醉犬有明显而肯定的利尿作用，在给药后 30 分钟与 1 小时得到的实验数据分别为对照组的 2.2 倍与 1.66 倍。结果说明，连翘所含的齐墩果酸有轻微的利尿和强心作用。

6. 抗肝损作用　给大白鼠皮下注射连翘 1∶1 注射液能明显降

低大白鼠皮下注射四氯化碳引起的血清谷丙转氨酶活力升高。对照组数据为337.00±63.50，给药组数据为146.50±11.10，差异极显著（$P<0.01$）；同时，肝脏变性和坏死情况明显减轻，肝细胞内蓄积的肝糖原以及核糖核酸含量大部分恢复或接近正常；降低血清谷丙转氨酶活性。表明连翘具有抗肝损及保肝的作用。

7. 镇静作用 以连翘为主药的牙痛灵制剂（连翘、栀子等），能提高电刺激家兔齿髓及小鼠痛阈值，减轻小鼠因巴豆油引起的耳肿胀，抑制炎性肉芽肿。动物的镇痛抗炎抑菌实验表明，牙痛灵制剂对物理、化学及电刺激引起的疼痛模型均有明显镇痛作用，亦能抑制各种致炎因子引起的炎性肿胀。

8. 抑制磷酸二酯酶的作用 通过对牛心磷酸二酯酶的抑制作用实验，证明连翘对磷酸二酯酶有重复的抑制作用。连翘中抑制磷酸二酯酶的成分是木脂素及其苷类，木脂素的抗菌降压抑制磷酸二酯酶等活性一直受到人们的重视。其中的（＋）-松脂素（＋）-pinoresinol 及黄苷（＋）- pianoresio - 1 - β - D - glucoside 显示较强的抑制作用；对结构活性相关作用的研究表明，两个酚环的构型对生物活性非常重要。

9. 抗内毒素作用 内毒素具有复杂的生物活性，直接或间接地对机体产生损伤作用。连翘通过直接摧毁内毒素以拮抗其作用，而不是对其活性暂时性抑制。

10. 抗病毒作用 经药理实验证明，连翘种子挥发油具有较显著的抗菌、抗病毒作用。

11. 降血压作用 动物实验证明，连翘可使血压下降至原水平的40%～60%，并且作用迅速、显著，但持续时间短。

12. 抑制弹性蛋白酶活力作用 体内弹性蛋白酶过多可能是导致肺气肿的主要原因，连翘有显著抑制该酶的作用。

13. 发汗作用 近代临床大师张锡纯先生经多年临床实践，探索出连翘药材有发汗之功，且能疏肝理气。张氏谓"连翘诸家皆未验其汗，而以治外感风热，用至 1 两，又能出汗，且其汗出之力甚柔和，又甚绵长。曾治一少年风湿初得，俾单用连翘 1 两煎汤，彻夜微汗，翌晨病若失。"表明连翘确有发汗作用。

14. 兴奋中枢作用　据研究表明，连翘心（即种子）具有兴奋中枢作用。服用带心的连翘会导致失眠，故失眠者应用连翘时要去心。

15. 其他作用　连翘还含有 25% 左右的蛋白质和较丰富的碳水化合物、无机盐和维生素。其蛋白质是由多种人体所必需氨基酸组成，含 2% 谷氨酸和 4% 天门冬氨酸，具有促进人脑细胞发育和增强记忆的功能。同时连翘还具有美容的作用，连翘的花及未成熟的果实采集后用水煮 20 分钟，每天早晨或睡前用此水洗脸，有良好的杀菌、杀螨和美颜护肤作用，坚持长期使用，可消除面部的黄褐斑、蝴蝶斑，减少痤疮和皱纹。

16. 毒性　用经醇处理的连翘的煎液（1∶1）给小白鼠腹腔注射，测得每 1 千克小白鼠体重的 LD50 为（24.85±1.12）克。用连翘 1∶1 水煎剂给小白鼠皮下注射，测得每 1 千克小白鼠体重的 LD50，老翘为 29.37 克，青翘为 13.23 克。用连翘心 1∶1 水煎剂同法给药，测得每 1 千克小白鼠体重的 LD50，老翘心为 30 克以上，青翘心为 28.35 克。用复方连翘注射液小白鼠腹腔注射，测得每 1 千克小白鼠体重的 LD50 为 119.5 克。

三、现代药理应用

根据连翘的现代药理研究，连翘在现代临床上，在应用于治疗急性肾炎、紫癜病、肺脓肿、视网膜出血、急性传染性肝炎、慢性化脓性中耳炎、牛皮癣等病症方面都有成功案例。

此外，连翘可作为新型食品防腐剂。随着人们对食品安全的日益重视，近年来出现了以天然防腐剂代替化学合成防腐剂的趋势，天然防腐剂的研究也越来越多。连翘提取物可作为天然防腐剂用于食品保鲜，尤其适用于含水分较多的鲜鱼制品的保鲜。抑菌实验表明，连翘提取物能有效抑制环境中常见腐败菌的繁殖，有效延长食品的保质期，是一种较有希望开发成功的成本低而安全有效的新型食品防腐剂。连翘乙醇提取物抗菌谱广，对多种革兰氏阳性及阴性细菌均有抑制作用，其主要抗菌成分为连翘酚，该提取物能有效抑制环境中常见腐败菌的繁殖。据研究，添加5％连翘乙醇提取物于食品中，抑菌效果已相当明显，能有效延长食品的保质期。

连翘水还可提取干浸膏。以单味中药浸膏颗粒剂取代饮片配方是今后汤剂改革的重要方向，而且传统的水煎煮法仍将是主要提取工艺。正交试验优选的连翘水提干浸膏工艺为：加8倍量水，煎煮2次，每次1.5小时，平均得膏率13.8％。不同来源或不同成熟度的连翘药材得膏率可能有差异，在采用优选工艺时可根据实际情况添加适量辅料调整单位剂量。

连翘常用其果壳入药而种子被废弃。连翘种子挥发油有强而广的抗病原微生物作用，且没有明显的毒性。对流感病毒、Ⅰ型副流感病毒有明显的抑制作用，对单纯疱疹病毒、鸡瘟病毒、痘苗病毒也有较明显的抑制作用；对感染流感病毒、金黄色葡萄球菌的实验动物有一定的保护作用；对常见的11种病原性细菌、肺炎球菌、甲乙型溶血性链球菌、福氏痢疾杆菌、甲型副伤寒杆菌的抗菌作用明显。此外，对白色念珠菌和热带念珠菌亦有明显的抑菌作用。根据上述研究结果，可制成连翘子挥发油牙膏。临床观察发现，使用该牙膏，对感冒、牙周炎等有明显的治疗效果。

四、连翘叶综合利用

连翘的嫩绿幼芽和连翘叶经过配料加工、炮制就可以制成能够饮用的保健茶，称为"连翘茶"。

（一）连翘叶的化学成分及其应用前景

连翘叶不入药，但在武安长寿村以及河北太行山区、河南、陕西、山西等地民间将其作为保健茶饮用，用于治疗咽喉肿痛等症。近几年的研究表明，连翘叶中化学成分与连翘果实十分类似，且连翘叶提取物具有多种药理活性。

（1）连翘叶的化学成分。连翘叶的活性成分有木脂素类（连翘脂素）、黄酮类（槲皮素和芦丁）、三萜类（熊果酸）、连翘苷、连翘酯苷、多酚类、绿原酸、（＋）-松脂醇、（－）-松脂醇等。

（2）连翘不同部位有效成分。曲欢欢等人对连翘不同部位的连翘苷和连翘酯苷含量进行分析，结果表明，连翘苷在连翘叶中的含量远高于果实，但是叶中连翘酯苷的含量低于果实。黄九林等人采用 HPLC、比色法分别对连翘不同部位的连翘苷和总黄酮含量进行测定，结果表明各部位连翘苷含量顺序为新叶＞老叶＞花＞果实，总黄酮含量顺序为花＞新叶＞老叶＞果实。

（3）不同生长时期连翘叶有效成分含量。在不同的生长时期，连翘叶有效成分的含量有较大差异。王燕等人对不同采摘时期连翘叶中总黄酮及总酚酸含量进行测定，结果表明，3 月连翘叶的总黄酮质量分数最高，5 月、6 月次之，4 月、9 月含量最低。且在连翘的生长过程中，3 月连翘叶的总酚酸质量分数显著高于其他时期。姜红等人对不同采摘（5 月、8 月、10 月）时期连翘叶中总黄酮及芦丁的含量进行测定，结果表明，8 月连翘叶提取物中总黄酮及芦丁含量较高。张淑蓉等人对不同采收期青翘和连翘叶中活性成分的含量进行比较，结果表明，连翘叶中连翘酯苷、连翘苷含量在 6 月最高，以后逐渐降低，9 月下旬有所回升，之后又降低；芦丁含量则是 7 月最高，之后变化趋势同连翘酯苷和连翘苷。

（4）连翘叶有效成分的生物活性。

①连翘叶的抗氧化活性和抑菌活性。段飞等人分别以青翘、老

翘、连翘叶提取物进行大肠杆菌和金黄色葡萄球菌的体外抑菌实验，结果表明，连翘叶的抑菌作用优于老翘及青翘。王燕对连翘不同部位及不同生长时期的连翘叶抗氧化作用进行研究，结果表明，3 月连翘叶总黄酮、总酚酸含量最高，且 3 月连翘叶的甲醇提取物表现出最高的清除 DPPH 和 ABTS 自由基的能力，同时总黄酮、总酚酸含量与清除 DPPH 和 ABTS 自由基能力呈正相关。邱志军等人对连翘叶中提取、分离和纯化的连翘苷和连翘酯苷进行油脂抗氧化实验，结果表明，连翘苷和连翘酯苷 A 对猪油氧化作用均有一定的抑制作用，且随着剂量增加，抑制效果更加明显；其中，连翘酯苷 A 对油脂氧化的抑制作用远优于连翘苷；维生素 C 和柠檬酸对连翘苷和连翘酯苷 A 的抗氧化作用均表现出协调增效作用。

②其他药理活性。近几年研究表明，连翘叶提取物可以对抗由链脲佐菌素诱导的高血糖，明显降低糖尿病小鼠的空腹血糖水平，对糖尿病小鼠具有良好的治疗效果；延缓高脂血症小鼠体重增长率，降低高脂血症小鼠的心指数异常升高，提高高脂血症小鼠心肌 POD 活性和降低 MDA 的生成，对高脂血症小鼠心脏具有一定的保护作用；提高力竭状态下小鼠脑组织、肝脏、股四头肌中 SOD、POD 活性，减少 MDA 生成，降低力竭状态下小鼠脑组织 LDH 活性，提高恢复状态下小鼠脑组织 LDH4-5 的活性，对力竭状态下的小鼠脑组织有保护作用，对延缓运动中枢疲劳有积极的作用；同时显著降低血液中 AST、ALT、AKP 活性，对力竭运动机体中的肝脏和骨骼肌有保护作用，并具有促进机体恢复的作用。

（二）连翘叶茶的采收与制作

鲜连翘叶为采摘后经挑选、去杂的鲜叶；干制连翘叶以鲜连翘叶为原料，经挑选、清洗、干燥（包括晾晒）等工艺制成。

（1）采收时间。连翘叶在连翘开花 4～5 天后，刚展叶时采摘。采摘连翘叶的时间为每年的 5—7 月。

（2）采收方法。新梢萌芽后逐渐老熟，如不及时采摘，品质就会下降。因此，必须按照所制茶类对鲜叶的要求及时采摘。一般红、绿茶要求采摘一芽二三叶。将连翘叶除去杂质后晒至半干，放至笼屉里蒸 3～5 分钟。将蒸后的连翘叶晾至脱去水分 60%～70% 时进行揉搓，反复蒸制与揉搓几次，直至最后一次的晒干后就制成了连翘叶茶。

（3）连翘叶茶的现代工艺制作。

①摊晾。将新鲜连翘叶平铺，在 14～18℃ 下摊晾 5～8 小时。

②清洗。将摊晾后的连翘叶清洗后晾干至叶面无水。

③杀青。将干连翘叶放入杀青机，在 80～100℃ 杀青 6～10 分钟。

④包揉。将杀青的连翘叶降温至 38～44℃，放入包揉机内包揉 3～5 次，再进行梯度升温烘干。

⑤密封。将烘干后的连翘叶取出密封后，放入室内密封保存 2～3 个月得到连翘茶。

采用多次揉捻的方式，使连翘茶叶的外形完整度高，更为美观，通过成堆发酵和后续的密封保存发酵，使连翘茶的茶香味更足。

（三）连翘叶的功效

连翘叶具有明显的保护肝脏的作用；减弱小鼠对 2,4 - 二硝基氟诱导的小鼠迟发变态反应，降低小鼠超敏反应，调节免疫功能；增强小鼠单核巨噬细胞的吞噬功能，增强动物机体非特异性免疫功能；延长小白鼠抗常压缺氧时间等。

柴建新等为探究连翘叶作为新食品原料开发的营养含量和食用安全性。进行了连翘叶营养成分及 90 天经口毒性的研究。结果显示，连翘叶含有丰富的蛋白质、膳食纤维、氨基酸、矿质元素及维生素等人体所需的营养物质，其蛋白质含量高达 140 克/千克，膳食纤维的含量为266克/千克,钾元素的含量为11.4克/千克,维生素E及β-胡萝卜素的含量也较高,能够满足作为食品原料的营养需求;在90天经口毒性实验中未观察到中毒表现和体征,大鼠的体重、进食量、食物利用率、血液学、血生化等指标均未见损害性影响。表明连翘叶营养丰富,卫生学及90天经口毒性实验安全,为其作为新食品原料研究提供了依据。目前山西省已把连翘作为新食品原料并开发出众多品牌连翘茶,河北也正在启动连翘叶新食品原料的开发。事实上在太行山区,当地很早就有制作、食用连翘茶的习惯,当地人称"打老儿茶"。

刘星等以连翘叶、木糖醇、柠檬酸、麦芽糊精为主要原料,开发一种连翘叶固体饮料。结果显示,连翘叶固体饮料最佳配方为连翘叶提取物30.3%、木糖醇37.9%、柠檬酸1.5%、麦芽糊精30.3%;固体饮料产品颗粒过40目筛;水分含量为6.1%,符合国标要求;固体饮料中连翘苷和连翘酯苷A的含量分别为0.34%和0.27%。连翘叶固体饮料颗粒饱满,溶解迅速,冲调后呈透明的黄色,气味淡雅,酸甜适中。

连翘资源丰富,传统以果实入药,这就造成连翘叶资源的极大浪费,研究表明连翘叶与连翘果中的有效成分具有较好的一致性,连翘叶提取物具有多种药理活性,如抗氧化、抑菌活性,以及保肝、抗衰老、保护心脏等,但连翘叶是否可以作为传统中药的一种仍需进一步研究。连翘叶水提取物为无毒性物质,亦无致突变作用,经口给药可安全用于兽医临床,在畜禽饲养业中有广阔的应用前景。

五、连翘花综合利用

连翘花深黄色,1~3朵腋生,早春先叶开花,枝半蔓性铺散,先端弯曲下垂,枝上缀满黄花,密密麻麻似缀带,在庭园中露地栽植，可与各种花木搭配，如与榆叶梅、紫荆等早春红花配植，黄、红、绿相互陪衬更美；亦可作花篱；或丛植于草坪角隅、树丛边；也是良好的切花材料。连翘花首先具有较高的观赏价值，同时，具有与果实相类似的有效化学成分，民间常用来制作连翘花茶。采集连翘的花及未成熟的果实，用水煮 20 分钟，在早上或睡前用此水洗脸，有良好的杀菌、杀螨作用，长期使用，可起到养颜美容的效果。

（一）连翘花的采收与连翘花茶制作

连翘的花常用来制作花茶，连翘果实和花的采摘比较简单，但仍有一些事项需注意。

1. 采收时间　连翘一般在每年的 3—4 月开花，制作连翘花茶的花应该在连翘花刚开放时采摘。一般选择在每天 7：00—10：00 采摘，此时花正盛开，有效成分含量高，花香浓郁；其他时间采摘会导致花有效成分含量和香气降低。

2. 采收方法　采摘连翘花时一般会把整朵花采摘下来，但这样会影响连翘单株的结果数量。因此，在以产果实为主的栽培地，一般不主张大量采摘连翘花，但是若为了提高连翘坐果率和连翘单果重，可以适当对每株连翘疏花，采摘一些花来制作连翘花茶。采摘时一定要小心，尽量保持连翘花朵的完整，否则将影响连翘花茶泡出后的观赏效果。另外，采摘时也应该尽量避免采到或碰掉叶芽，以免影响连翘的光合作用。采摘后应及时进行加工处理，否则花瓣易霉烂变质。

3. 连翘花茶的制作　连翘花茶最简单的加工方法是蒸制。一般将采摘的连翘花进行除杂处理后，用清水稍稍清洗，然后在阴凉通风处晾晒。花上的水分蒸发完后，就可以放置在已经烧沸的蒸笼内蒸制，一般大火蒸 5 分钟左右就可以拿出，放在太阳下摊开晾晒。晒干后可以将花分装于塑料袋或铝箔袋中保存，以供饮用或出售。当然，连翘花茶的制作还可以使用烘干设备烘干，用电烘干箱在 70～80℃ 的恒温条件下烘烤。烘干后的连翘花不仅色泽漂亮，而且有效成分损失较少、花的形态更完整，泡出的茶汤颜色金黄明亮，具有较好的欣赏和饮用价值，为待客养生的佳品。

（二）连翘花的化学成分

吕金顺等采用水蒸气蒸馏法提取和乙醚萃取甘肃天水产的连翘花精油挥发性成分，经空白对比，GC-MS 法分离、鉴定了含量大于 0.1% 的 48 种化合物，占精油总量的 82.65%；其中，烃类占 49.84%，醇酚醚类占 11.61%，醛酮类占 12.68%，酯类占 1.35%，卤代烃占 7.17% 等，表明花中的有效成分含量较果实低，结果见表 7-1。

表 7-1 连翘花精油的化学成分分析结果

峰号	保留时间（分钟）	化合物名称	分子式	分子量	相对含量（%）
1	13.39	樟烯	$C_{12}H_{14}$	136	0.11
2	13.90	β-蒎烯	$C_{12}H_{14}$	136	0.17
3	14.63	桉树脑	$C_{10}H_{18}O$	154	0.17
4	18.07	对伞花烃	$C_{10}H_{14}$	134	0.14
5	18.32	Z-2-壬烯-醛	$C_9H_{16}O$	140	0.43
6	19.58	芳樟醇	$C_{10}H_{18}O$	154	0.48
7	19.87	3,7-二甲基-1,5,7-辛三烯-3-醇	$C_{10}H_{16}O$	152	0.23
8	22.67	邻羟基苯甲酸甲酯	$C_8H_8O_3$	152	0.39
9	22.86	2,7-二甲基辛烷	C_8H_{22}	142	0.20
10	23.16	E-2-辛烯醛	$C_8H_{14}O$	126	0.11
11	23.50	2-辛烯-1-醇	$C_8H_{16}O$	128	0.84
12	27.45	2-甲基辛烷	C_9H_{20}	128	0.25
13	27.82	十一醛	$C_{11}H_{22}O$	170	0.55
14	30.90	β-萘乙烯	$C_{12}H_{22}$	154	0.51

（续）

峰号	保留时间（分钟）	化合物名称	分子式	分子量	相对含量（%）
15	31.79	2-甲基十一烷	$C_{12}H_{26}$	170	0.20
16	32.21	2,4,6,8-四甲基-1-十一烯	$C_{15}H_{30}$	210	0.19
17	35.92	9,9-二甲氧基二环[3,3,1]壬烷-2,4-二酮	$C_{11}H_{16}O_4$	212	0.25
18	36.54	2,5-二叔丁基-4-甲基苯酚	$C_{15}H_{24}O$	220	0.49
19	40.36	十四醛	$C_{14}H_{28}O$	212	0.27
20	41.12	二苯甲酮	$C_{13}H_{10}O$	182	2.54
21	43.56	金合欢醇	$C_{15}H_{26}O$	222	0.45
22	53.75	十六醛	$C_{16}H_{32}O$	240	0.31
23	54.03	三苯甲烷	$C_{19}H_{16}$	244	0.68
24	56.82	2,6-二甲基十七烷	$C_{19}H_{40}$	268	0.36
25	58.90	油酸乙酯	$C_{20}H_{40}O_2$	310	0.48
26	59.83	2-甲基十七烷	$C_{18}H_{38}$	250	0.49
27	62.82	2-甲基十八烷	$C_{19}H_{40}$	268	3.66
28	65.53	2-甲基二十烷	$C_{21}H_{44}$	296	1.75
29	66.66	1,2-环氧十八烷	$C_{18}H_{36}O$	268	0.74
30	68.28	二十一烷	$C_{21}H_{44}O$	296	5.84
31	68.27	1-二十烯	$C_{20}H_{40}$	280	0.45
32	69.91	2,6,10,14-四甲基十七烷	$C_{21}H_{44}$	296	1.65
33	70.48	5-环己基十六烷	$C_{22}H_{44}$	308	0.24
34	70.86	2-甲基二十三烷	$C_{24}H_{50}$	338	5.56
35	71.74	2-羰基十六酸甲酯	$C_{17}H_{32}O_3$	284	0.48
36	73.38	二十三烷	$C_{23}H_{48}$	324	6.00
37	74.83	二十五烷	$C_{25}H_{52}$	352	1.35
38	75.83	2-十八烷醇乙醇	$C_{20}H_{40}O_2$	312	8.21
39	76.74	9-环己基二十烷	$C_{26}H_{52}$	352	5.41

（续）

峰号	保留时间（分钟）	化合物名称	分子式	分子量	相对含量（%）
40	78.12	二十六烷	$C_{26}H_{54}$	366	8.08
41	78.50	二十七烷	$C_{27}H_{56}$	380	1.18
42	78.76	Z-5-甲基-6-二十一烯-11-酮	$C_{22}H_{42}O$	322	2.98
43	79.24	二十二醛	$C_{22}H_{42}O$	322	0.91
44	80.26	1-氯十九烷	$C_{19}H_{39}Cl$	302.5	7.17
45	80.85	二十八烷	$C_{28}H_{58}$	394	1.91
46	81.27	2,3'-二甲基-1',4-二羟基-1,2'-联二萘-5,5',8,8'-甲酮	$C_{22}H_{14}O_6$	374	4.58
47	82.32	二十九烷	$C_{29}H_{60}$	408	2.52
48	84.64	9-辛基二十二烷	$C_{30}H_{62}$	422	0.69

以上组分相对含量占总挥发油相对总含量的 82.65%。其中桉树脑、芳樟醇、邻羟基苯甲酸甲酯、对伞花烃等具有治疗风热感冒、消炎等作用。但这些组分在花中的含量比在果实中的含量低。

山西省医药与生命科学研究院的张璐以连翘花蕾为主要原料，通过采收、清拣、杀青、低温真空冷冻干燥、蒸汽灭菌、摊晾、护色、烘焙提香等步骤制得连翘花蕾茶，并对其抗氧化活性进行了评价。结果表明：所得连翘花蕾茶形态完整、茶汤清澈、味道醇香，并具有较好的抗氧化功能。

六、连翘枝条综合利用

魏娟等测定秦巴山区不同产区连翘茎和花中连翘苷、连翘酯苷A、芦丁和总黄酮等活性成分的含量，结果显示：对不同产地连翘活性成分总含量进行比较，湖北房县化龙镇所产连翘茎活性成分总含量高达 29.02 毫克/克，竹山麻家渡桂花村所产连翘花活性成分总含量高达 17.00 毫克/克，综合评定两个产区连翘茎、花质量均较优。对连翘不同药用部位活性成分含量进行测定，结果表明连翘茎中连翘酯苷 A 含量极低，但茎的活性成分总含量高于花。因此，连翘茎和花中连翘苷、连翘酯苷 A、芦丁和总黄酮含量在不同产地存在差异，在不同药用部位上内在质量差异更明显。以上研究结果为连翘药材的后续研究及综合开发提供了依据。

七、连翘的其他利用价值

（一）保健价值

许多研究表明，连翘的叶、花、果实均具有很好的清热解毒等保健效果，因此，连翘作为保健品开发也极具前景。

连翘叶可以制作成连翘叶茶。通过对连翘叶片的采摘、筛选、清洗、蒸制、揉搓、干燥、分级筛选等工序就可以制得连翘叶茶；像传统茶叶一样，连翘叶同样可以被加工成索状茶条，且茶条坚实挺直，色泽翠绿，通过添加适当的辅料，也可进一步加工成连翘花茶。连翘茶具有清热解毒、生津止渴、抗菌利尿、健胃增食、强身健体之功效，是老少皆宜的保健饮品。

连翘的花和果实、叶片一样，也具有清热、解毒、消肿利咽的功效，而且作用平和，非常适合日常保健。同时，连翘花泡水后花形漂亮，汤色金黄诱人，是制作花茶的理想原料，我国民间也一直有用连翘花做茶的历史。使用连翘花做茶，技术简单，只需在采摘时保持花的整洁，然后经过蒸制、晾晒工艺就可以制作成连翘花茶。随着人们对身心保健和生活品质要求的不断提高，连翘花茶有着相当广阔的市场前景。

尽管连翘的果实也具有连翘叶和花的功效和作用，但由于其天然次生化学物质含量较高，作用较为"强烈"，一般不直接加工成保健品，而常用作药用材料。

（二）观赏价值

由于连翘花色鲜艳、花多而密，且早春先花后叶、株型紧凑，因此极具观赏特性，长期以来一直被欧美等国家引种栽培，并培育出了丰富多彩的观赏品种。在日本、韩国等国家，连翘的观赏价值更是被人推崇。

虽然连翘的观赏价值已经被长期开发，但其仍有待进一步开发，如连翘株型的矮化、紧凑株型的培育和连翘盆景的培育等都还处于初始起步阶段，这些方面的开发也会有较大的发展前景和市场空间。因此，在观赏连翘的栽培过程中，必须注重新品的不断开发，发挥其在园林和园艺方面的独特作用。

（三）绿化价值

连翘耐干旱、耐贫瘠的特性，使其成为长江以北地区荒山、荒坡常见的绿化用植物，尤其是在黄土高原地区。连翘植株萌芽力强，营养繁殖也较快，一旦种植很容易扩展成片，再加上连翘较为喜光，因此在荒山、荒坡生长迅速，且长势很好，是山区和丘陵地区优良的绿化植物之一。

（四）水土保护价值

连翘是浅根系植物，但根系较为发达，其根系在表土层形成较为密实的根冠层，当有较大降水发生时，其根系能够快速有效地吸收地表水分，减少地表径流，从而减少因地表径流冲刷而流失的土壤养分；如果发生地表径流，其根系已形成密实的根冠层，能吸附和截留被雨水冲刷的泥土。因此，连翘不仅可以用于荒山、荒坡的绿化，防止水土流失，也可以用于公路、河堤、田埂、宅基地等土地的水土保护，种植连翘可使这些地方的水土不被雨水冲刷，防止发生水土流失。

第八章

连翘市场动态及前景分析

一、产量及市场

连翘为我国 40 种常用大宗药材品种之一。据统计,《中国药典》(2020 年版 一部)收载有连翘的成方制剂和单味制剂共有121 个,多与青蒿、板蓝根、菊花、苦杏仁、桔梗、甘草、麻黄、石膏、金银花、知母、黄芩、鱼腥草、玄参、桑叶、蒲公英、柴胡、淡竹叶、大黄、薄荷、芒硝等合用。涉及片剂、膏剂、合剂、糖浆、颗粒、口服液、注射液、胶囊、丸剂(蜜丸、水丸)、涂剂、冻干、栓剂、滴眼剂、茶等 10 多个剂型。主要用于清热解毒、疏风解表、宣肺化痰、泻火利咽、凉血消肿、消积止咳。用于外感风热所致发热重、头痛眩晕、咳嗽、咽喉肿痛;外感风寒所致微恶风寒、头痛、有汗或少汗、咽红肿痛、口渴;内郁化火所致目赤耳鸣、口舌生疮;以及痰热互结所致的乳癖、乳痛,症见乳房结节,数目不等、大小形态不一、质地柔软,或产后乳房结块、红热疼痛;乳腺增生、乳腺炎等症。连翘的需求主要在中医临床处方用药、中成药制药工业原料用药、油料作物、水土保持植物及源于新技术开发的药物、保健食品、饲料等新产品用原料领域。该品属野生品种,产地比较集中,年用量 8 000~9 000 吨,产区以浅山区为主,正常每年可收获青翘 7 000~8 000 吨,老翘 1 500~2 000 吨。自中华人民共和国成立以来,连翘的采收和供应一般比较平稳,基本上能保持购销大体持平。从主产区资源和历史收购情况来看，以山西的收购量最多，约占全国总收购量的40%，河南占30%，陕西占20%。青翘是连翘的主要品种，产新期为每年的8—10月，一般为50～60天。产新期大致可分为3个阶段：初期、中期、后期。青翘的产新期和产量受天气及市场需求、行情的影响而变化。

从我国销售统计数据看，20世纪60年代，连翘年销售量2 000～3 000吨，20世纪90年代，年销售量4 000～5 000吨，21世纪初，2003年销量6 000～7 000吨，每年需量以8%的速率增长。据中药材天地网多年的数据统计表明，青翘正常年可用6 000～6 500吨，遇流感发生严重或重大疫情，其年用量应有7 000～7 500吨；老翘每年的用量在1 500～2 000吨，多年来保持相对平稳。当前，连翘资源基本供需平衡，当连翘花期遇倒春寒或在流感发生严重的年份，一些药商和企业也存在着囤积资源和炒作的现象。

青翘全国正常年用量为6 000～6 500吨，但往往随疫情与价格的波动而变化。2003年"非典"，青翘用量比往年扩大1 000吨；2010年遇历史高价，厂家陈货较多，青翘用量降为4 000吨。2012—2013年，用量升至5 000吨，但从2014年开始，其用量再次呈现下降趋势。

此外，连翘市场需求量大，导致目前市售药材青翘、老翘混杂；中药材市场上，在连翘的交易中还掺杂着许多伪品，我国有部分地区将金钟花、秦连翘、丽江连翘、奇异连翘、卵叶连翘和紫丁香混作连翘使用。从流通上看，目前市场销售的不仅是青翘和老翘，还有连翘籽、连翘叶，甚至连翘药渣，这些连翘的衍生品大多以连翘或连翘提取物的形式销售使用，影响我国连翘产品品质及整个行业的规范化及规模化发展。药监部门应加大监察力度，对药材市场开展专项整治活动，防治连翘伪品和不合格连翘产品流入市场，同时建立连翘市场准入制度，并要长效监管；其次还应健全连翘药材流通追溯体系，应用现代信息技术和物联网技术，通过连翘产品包装带有的电子标签，做到连翘来源可追溯、去向可查证、责任可追究，保证连翘产业中连翘原药材的质量。

连翘开花期为早春，容易受到"倒春寒"等霜冻天气影响。由于其为野生品种，每年产新前价格也将影响农户采摘积极性，因此历年连翘产量主要受气候和价格的影响。正常年份连翘产量不低于7 000吨。近些年相关部门加强了监管，连翘叶用量下降，连翘用量增加，但近两年政府还加强了对中药注射剂的监管，双黄连注射液、粉针剂的用量有所减少，预计目前连翘年用量为6 500吨左右。

连翘的成本主要为采摘成本，该成本与产新前连翘价格密切相关。其底限为采摘连翘收入不低于正常打工收入，即每天80元/人以上。

连翘加工一般为水煮货，取鲜青翘经过去杂、水煮（蒸）、烘干或晒干等工序。加工成本主要为能源消耗及人工费，一般每千克为1～2元（干品）。

二、连翘主要需求厂家

连翘分为青翘和老翘，目前市场以青翘为主，用量主要分为两方面，即药企需求和饮片需求，近两年饮片需求约1 500吨，其中无柄青翘所占比例越来越高，而且货源畅销。

根据药智网统计，共有447个中成药处方中用到了连翘，用量大的厂家有以岭药业、华润三九（枣庄）、葵花药业、济川药业、四川光大、福森制药、太龙药业、哈药集团、珍宝岛、贵州百灵、香雪制药、康缘药业等。

其中，连翘用量在500吨以上的企业有以岭药业、华润三九（枣庄）；用量在200吨以上的企业有葵花药业、济川药业、福森制药、太龙药业、白云山、贵州百灵、修正药业、吉林敖东、香雪制药、广东一方、陕西海天等；用量在100吨以上的企业有四川光大、鲁南制药、同仁堂、湖北午时、太极集团、康缘药业、康恩贝制药、圣泰制药等。以上企业每年的连翘用量合计就在 4 000 吨以上，再加上其他药企和饮片用量，连翘年需求量一般为 6 500 吨左右。

从图 8-1 可以看出，自 2003 年以来，连翘价格一直处于波动上升的状态，这与人工费上涨密切相关，同时也与连翘用量的增加有关。此间共有 3 次较大涨幅，分别是 2003 年的"非典"、2009年的"甲流"和 2015 年的连续两年减产（近乎绝收）。2020 年由于"新冠"疫情，连翘价格虽然也有上涨，但涨幅未及 2015 年的连续减产，究其原因，一方面市场日渐成熟、理性，另一方面也与含连翘注射剂的临床限用有关。

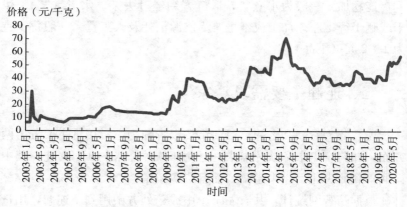

图 8-1　青翘历史价格（崔旭盛，2020）

另外，2020 年版《中国药典》对连翘质量标准进行了修订，增加了挥发油测定。据了解，该项修订涉及连翘采收加工的两个方面，一方面是采收时间，即严格禁止抢青，7 月下旬之后采收方可达标；另一方面是烘干温度，应采取低温烘干或晒干的方式。在 2020年版《中国药典》正式执行后，连翘的质量问题将会成为制约药企采购、生产的重要瓶颈，合格连翘产量将有可能出现较大涨幅。

三、市场销售状况

连翘在我国大部分地区均有分布，主产于我国的陕西、河南、山西等省份，年产量占全国总产量的 70％～80％。全国市场年销售量为 6 000～6 500 吨，其年产量随当年的气候等自然条件的变化略有差异。据观察，连翘产量有大年和小年之分，一般情况下，大年产量略高，小年产量较低。2000—2006 年统计，主产区大年产量多在 5 000～6 500 吨，小年则只有 3 500～4 500 吨。经业内人士调查统计，2000 年全国连翘总产量为 4 500～6 500 吨；2001 年因主产区遭受倒春寒，产量大减，为 3 500～3 700 吨；2002 年是连翘结果大年，且当年风调雨顺，连翘生长良好，产量创造了新高，总产量达 7 500～8 700 吨；2003 年总产量为 6 000～7 500 吨；2004 年，本应是结果大年，但由于主产区连翘在盛花期遭受到一场暴雪袭击，之后不到半个月又突遭 34～37℃ 的高温影响，导致连翘的产量比正常年份减少了数千吨，当年总产量仅有 1 800 吨左右；2005 年总产量为 5 500～6 500 吨；2006 年又降至 4 000～5 000 吨。

通过 2000—2006 年连翘产量及价位的变化状况看，连翘存在的产销不平衡、产不足销的情况始终未能缓解；同时也表明，单靠连翘野生资源难以维持市场需求，更何况连翘又是出口创汇的大宗药材之一，因此，连翘生产必须通过人工栽培来满足市场需求。

四、种植前景

随着医药事业的蓬勃发展、人民生活水平的不断提高，以及居民膳食结构的不断改变，人们的保健意愿愈来愈强烈。并随着中药走向世界，人们把中药视为珍宝，许多名贵中药材成了国际市场的"抢手货"。因此，我国的中药材前景广阔，中药材的出口量也逐年增加，国际社会对天然药材的需求日益增长。

初步统计，国际药材市场交易额已达 300 亿美元。市场需求快速增长，科技部、国家食品药品监督管理局、国家中医药管理局在中药现代化产业基地建设中，提出要将中药材的种植规范化，使药材栽培中的良种选育、栽培技术、采收与加工、贮藏与运输等生产中的各个环节规范化。种植出质量可靠、农药残留低，以及重金属含量等指标在允许范围内的优质中药材，以提高我国中药材在国际药材市场上的地位和竞争力。标准化生产的高产、优质连翘药材，必将在药材市场上占据优势，为连翘种植创造广阔的天地。

五、发展前景

连翘为清热解毒的药物，在治疗热病的方剂中应用十分广泛。它是不少中成药的重要原料，也是出口创汇的重要商品，远销印度、日本及东南亚国家和地区。研究表明，连翘具有良好的降压、抑菌作用，可用于医疗保健、食品、日用化工等方面。连翘挥发油可作优质香料，用连翘生产的护齿牙膏、连翘茶，深受市场欢迎。以上商品主要来源于野生连翘资源，随着卫生事业的发展，连翘用量不断增大。纵观市场之全局，仅凭野生资源加少量人工栽培种植是很难满足市场对连翘的需要的，供求矛盾日益突出。

从环保方面看：大面积栽培连翘，可以护坡固土，防止水土流失或土地沙漠化；还能绿化荒山、荒滩，提高植被覆盖率；特别是在春季，连翘花开遍山野，芬芳四溢，既可净化空气又可美化环境。

从经济效益方面看：目前连翘的国内市场价居高不下，达到每千克 18～20 元，且用药量巨大，货源奇缺。据预测，连翘野生资源极为有限，人工栽培又需要一定过程及时限，加之热病类时有发生，所以在今后相当长的时间里，连翘的价位会持续攀高或稳定在较高的价位。

目前连翘生产存在的主要问题是：野生资源日趋减少；家种连翘占地时间长，收益低，产地抢青现象时有发生，质量下降；资源开发不平衡，特别是深山区，很多资源尚未利用，处于"自生自灭"状态。因此，要采取有效措施，采、护、养相结合，保护、利用好野生资源；稳定购销政策，开展连翘综合利用的研究。随着经济发展和科技进步，连翘资源的开发与综合利用必将呈现新局面。

参 考 文 献

陈景宏，2015. 连翘的综合利用价值及种苗繁育技术 [J]. 现代农业科技
　（17）：194.

陈玲，李晓，李倩，等，2013. 连翘属植物化学成分的研究进展 [J]. 现代
　药物与临床，28（3）：441-445.

陈士林，2011. 中国药材产地生态适宜性区划 [M]. 北京：科学出版社.

董如义，张春林，梁春雷，2009. 连翘的栽培养护及整形修剪 [J]. 河北林
　业科技（3）：124.

杜会枝，马红，2021. 连翘对神经系统的药理作用研究进展 [J]. 中国药学
　杂志，56（7）：526-530.

范圣此，张立伟，2018. 连翘产业现状的分析及其相关问题的对策研究 [J].
　中国现代中药，20（4）：371-376.

高首勤，雒慧娟，陈芳，2018. 连翘花中连翘苷的超声提取工艺 [J]. 中国
　现代中药，20（1）：79-82.

高威风，2019. 连翘饮片炮制生产工艺与等级标准的研究 [D]. 郑州：河南
　大学.

龚春燕，毛成健，敖华蓉，等，2021. 连翘提取物联合头孢他啶的体外抑菌
　作用 [J]. 中国药业，30（20）：34-36.

郭丁丁，2013. 中药连翘挥发油成分及提取方法的研究进展 [J]. 山西中医
　学院学报，14（1）：73-75.

郭丁丁，张潞，朱秀峰，2012. 中药连翘种质资源调查报告 [J]. 时珍国医
　国药，23（10）：2601-2603.

郭赞，郭如刚，周景超，2019. 连翘的繁殖技术及应用价值研究 [J]. 特种
　经济动植物（8）：16-17.

国家药典委员会，2015. 中华人民共和国药典（一部）[M]. 北京：中国医

药科技出版社.

国家医药管理局，中华人民共和国卫生部，1984. 七十六种药材商品规格标
　　准：国药联材字（84）第 72 号文"附件"[Z].

国家中医药管理局《中华本草》编委会，1999. 中华本草 [M]. 上海：上海
　　科学技术出版社.

贺献林，陈玉明，2019. 太行山区连翘生态种植技术 [J]. 现代农村科技
　　（12）：19.

贺献林，贾和田，陈玉明，等，2020. 太行山区连翘嫁接技术 [J]. 现代农
　　村科技（1）：29.

贺献林，贾和田，王海飞，等，2019. 太行山区野生连翘抚育修剪技术 [J].
　　现代农村科技（11）：35.

黄雁鸿，2021. 连翘果采收与初加工 [J]. 现代农村科技（11）：120.

及华，王琳，张海新，等，2021. 连翘优质高产栽培技术 [J]. 现代农村科
　　技（12）：124.

贾和田，陈玉明，宗建新，等，2020. 太行山区连翘旱作育苗技术 [J]. 现
　　代农村科技（6）：53-54.

贾和田，刘灵娣，贺献林，等，2021. 太行山区连翘矮化密植栽培技术 [J].
　　现代农村科技（8）：36-37.

姜涛，2013. 连翘炮制方法及过程规范化研究 [D]. 太原：山西大学.

姜涛，许佳，秦臻，等，2013. 连翘炮制工艺研究 [J]. 中国中药杂志，38
　　（7）：1000-1003.

姜涛，张立伟，2016. 连翘薄层鉴别研究与改进 [J]. 医疗装备，29（4）：
　　17-18.

李红莲，2018. 连翘规范化栽培技术初探 [J]. 农民致富之友（13）：47.

李林蔓，汪海岩，2006. 连翘繁殖技术的研究进展 [J]. 现代园林（7）：
　　40-41.

李钱钱，雷振宏，关扎根，2017. 连翘与金钟花形态特征分析 [J]. 现代农
　　业科技（22）：70-72.

李双，王东强，李志军，2011. 连翘主要有效成分的提取与药理作用 [J].
　　黑龙江中医药，40（2）：46-48.

梁焕忠，2010. 野生连翘资源保护与可持续利用研究 [J]. 科学之友（17）：156-157.

刘畅，温静，阎新佳，等，2020. 连翘中酚酸类成分的研究进展 [J]. 中国药房，31（12）：1516-1522.

刘劲，2019. 连翘天然林抚育管理技术 [J]. 山西林业科技，48（1）：42-43.

刘劲，2020. 连翘播种育苗技术 [J]. 山西林业科技，49（4）：47-48.

刘明，2007. 中药连翘药理作用的研究近况 [J]. 现代医药卫生（16）：2438-2439.

刘佩仪，李春彦，晏烽根，等，2020. HPLC 法同时测定连翘中 6 个成分的含量 [J]. 中药材，43（4）：932-935.

刘倩倩，2017. 连翘育苗繁殖及栽培管理技术 [J]. 农业科技与信息（13）：79-81.

刘艳新，王力，2015. 一种伪品连翘的鉴别方法研究 [J]. 黑龙江医药，28（4）：731-732.

吕金顺，刘晓英，等，2004. 连翘花精油的化学成分研究 [J]. 光谱实验室（4）：3.

马梅芳，杨晓日，高慧，等，2015. 不同加工方式连翘叶中连翘酯苷 A 和连翘苷的含量测定 [J]. 食品与药品，17（6）：417-422.

马逾英，蒋桂华，卢晓琳，等，2010. 中药材真伪鉴别——连翘 [J]. 中国现代中药（12）：65.

穆廷杰，杨芬兰，金海红，等，2015. 连翘等中草药对肺炎克雷伯菌抑菌作用的实验研究及临床应用 [J]. 西部中医药，28（9）：19-21.

牛芳芳，2013. 河北太行山连翘药用林栽培关键技术调查研究 [D]. 保定：河北农业大学.

潘婷婷，2017. 连翘叶的研究进展 [J]. 价值工程，36（6）：3.

潘雅琼，2022. 连翘叶茶的功效及制作工艺研究进展 [J]. 现代食品，28（8）：44-46.

齐丽娜，陈炫好，金华，等，2021. 中药连翘化学成分及药理活性研究进展 [J]. 天津中医药大学学报，40（2）：168-175.

任宏力，李惠民，周曙东，等，2015. 商洛连翘群落生物多样性调查报告 [J].

陕西农业科学，61（6）：78-80.

任士福，2014. 药林兼用型连翘种质创新及关键栽培技术［D］. 保定：河北农业大学.

申建双，叶远俊，潘会堂，等，2015. 12份连翘种质资源的核型参数分析［J］. 植物遗传资源学报，16（1）：178-184.

史洋，王小平，白吉庆，等，2013. 连翘抗菌、抗病毒的药理作用研究［J］. 中国现代中药，15（11）：950-953.

宋贞贞，王丽，朱立忠，等，2020. 连翘饮片质量分析与评价［J］. 中国民族民间医药，29（23）：18-20.

苏婧，2016. 道地药材连翘优质高产栽培技术［J］. 现代农业科技（1）：125-128.

孙晨智，马楠，王亚静，等，2021. 连翘化学成分的分离与鉴定［J］. 中国药物化学杂志，31（4）：286-291.

滕慧颖，申建双，潘会堂，等，2018. 河北省连翘产业发展现状及策略［J］. 河北林业科技（4）：46-49.

王进明，王瑞娜，范圣此，2012. 野生连翘资源调查与分析［J］. 安徽农业科学，40（15）：8483-8484，8594.

王丽杰，池树学，宋玉华，等，2019. 连翘繁殖技术要点［J］. 现代农村科技（1）：35.

王姝，任丽丽，2014. 连翘的化学成分与银翘解毒片的研究进展［J］. 现代医药卫生，30（9）：1333-1335.

魏娟，王林海，张晓燕，等，2022. 秦巴山不同产区连翘茎和花中连翘苷，连翘酯苷A，芦丁和总黄酮含量测定［J］. 湖北医药学院学报，41（4）：333-337.

吴潇，刘阳，等，2015. 山西道地药材连翘组织培养快速繁育技术研究［J］. 安徽农业科学，43（12）：41-42，47.

吴彦，郭姗姗，韦建玉，等，2016. 连翘挥发油对两种烟草仓储害虫的毒杀作用［J］. 中国烟草科学，37（3）：67-71，78.

夏伟，董诚明，杨朝帆，等，2016. 连翘化学成分及其药理学研究进展［J］. 中国现代中药，18（12）：1670-1674.

肖会敏，王四旺，王剑波，等，2008. 连翘挥发油的成分分析及其药理作用的研究进展 [J]. 时珍国医国药 (8)：2047-2048.

徐姣，赵嵘，代云桃，等，2018. 中药饮片标准汤剂的质量评价案例——连翘 [J]. 中国中药杂志，43 (5)：868-872.

杨福红，赵鑫，刘东，等，2021. 连翘扦插繁殖技术研究 [J]. 黑龙江农业科学 (11)：74-78.

杨璐维，陈蕾，2012. 平胃散加减方中黄芩、连翘、陈皮的薄层鉴别 [J]. 临床医学工程，19 (5)：821-822.

杨洋，卫海燕，王丹，等，2016. 连翘潜在地理分布预测模型的比较 [J]. 生态学杂志，35 (9)：2562-2568.

袁小亚，王阿丽，任士福，等，2014. 连翘组织培养研究进展 [J]. 河北林果研究，29 (1)：4.

翟彦霞，2015. 连翘扦插育苗技术 [J]. 河北果树 (5)：56.

张嘉铖，王晓燕，刘辰，等，2018. 连翘药材的紫外谱线组法鉴别研究 [J]. 时珍国医国药，29 (11)：2676-2680.

张天锡，史磊，刘雯，等，2016. 连翘化学成分、药理活性现代研究 [J]. 辽宁中医药大学学报，18 (12)：222-224.

赵建斌，柴建新，张俊英，等，2016. 银翘解毒胶囊中连翘苷和牛蒡苷含量的测定 [J]. 山西中医，32 (11)：53-55，57.

赵艳，王进明，2015. 连翘茶制作方法探析 [J]. 园艺与种苗 (5)：61-62.

中国科学院中国植物志编辑委员会，1996. 中国植物志 [M]. 北京：科学出版社.

钟赣生，2012. 中药学 [M]. 北京：中国中医药出版社.

钟永康，2007. 桔梗、连翘、五倍子薄层色谱鉴别方法的研究与改进 [J]. 中国现代药物应用 (3)：13-14.

周汉蓉，1993. 中药资源学 [M]. 北京：中国医药科技出版社.

附录　连翘有关国家和地方标准

一、种子种苗相关标准

连翘种子种苗质量标准
（河北省地方标准 DB13/T 5461—2021）

1　范围

本文件规定了连翘种子种苗的术语和定义、质量要求、检验方法、检验规则、包装、运输与贮存。

本文件适用于连翘种子种苗的生产和销售。

2　规范性引用文件

下列文件中的内容通过文中的规范性引用而构成本文件必不可少的条款。其中，注日期的引用文件，仅该日期对应的版本适用于本文件；不注日期的引用文件，其最新版本（包括所有的修改单）适用于本文件。

GB/T 3543.1　农作物种子检验规程总则

GB/T 3543.2　农作物种子检验规程　扦样

GB/T 3543.3　农作物种子检验规程　净度分析

GB/T 3543.4　农作物种子检验规程　发芽试验

GB/T 3543.5　农作物种子检验规程　真实性和品种纯度鉴定

GB/T 3543.6　农作物种子检验规程　水分测定

GB/T 3543.7　农作物种子检验规程　其他项目检验

DB34/T 142　农作物种子标签

3　术语和定义

下列术语和定义适用于本文件。

3.1　连翘种子

木犀科植物连翘 *Forsythia suspensa*（Thunb.）Vahl 的干燥成熟种子。

3.2　连翘实生苗

木犀科植物连翘 *Forsythia suspensa*（Thunb.）Vahl 种子播种培育而成的种苗。

3.3　连翘扦插苗

将连翘的枝条进行扦插培育而成的种苗。

3.4　地径

苗干基部土痕处的直径。

4　质量要求

4.1　以种子发芽率、净度、含水量、纯度等为质量分级指标将连翘种子质量分为Ⅰ级、Ⅱ级。质量分级见表1。

表 1　连翘种子质量

项目		Ⅰ级指标	Ⅱ级指标
发芽率/%	≥	90	80
净度/%	≥	95	95
含水量/%	≤	8	8
纯度/%	≥	95	95

4.2　以种苗苗高、地径、侧根数为质量分级指标，将连翘一年生种苗质量分为Ⅰ级、Ⅱ级。质量分级见表2。

表 2 一年生连翘实生苗质量

项目		Ⅰ级指标	Ⅱ级指标
苗高/厘米	≥	55	40
地径/毫米	≥	5.5	4.0
侧根数/条	≥	9	6
病虫害状况		无有害生物寄生、无病虫害症状	

4.3 以种苗苗高、地径、侧根数为质量分级指标，将连翘两年生种苗质量分为Ⅰ级、Ⅱ级。质量分级见表3。

表 3 两年生连翘实生苗质量

项目		Ⅰ级指标	Ⅱ级指标
苗高/厘米	≥	150	90
地径/毫米	≥	20.0	8.0
侧根数/条	≥	11	6
病虫害状况		无有害生物寄生、无病虫害症状	

4.4 以种苗地径、根长、不定根数为质量分级指标，将连翘扦插苗质量分为Ⅰ级、Ⅱ级。质量分级见表4。

表 4 连翘扦插苗质量

项目		Ⅰ级指标	Ⅱ级指标
地径/毫米	≥	11.0	7.0
根长/厘米	≥	15.0	11.0
不定根数	≥	33	21
病虫害状况		无有害生物寄生、无病虫害症状	

5 检验方法

5.1 检疫

按照 SN/T 4329 的规定执行。

5.2　测量

5.2.1　测量苗高、根长时用钢卷尺、皮尺或直尺，读数精确到 1.0 厘米。

5.2.2　测量地径时用游标卡尺，读数精确到 0.1 厘米。

5.3　净度分析

按 GB/T 3543.3 执行。

5.4　发芽试验

发芽床采用纸间（BP），置床培养温度 25℃，发芽开始后，每天记录正常发芽的种子数至第 15 天为止，其余部分按 GB/T 3543.4 执行。

5.5　真实性和品种纯度鉴定按 GB/T 3543.5 执行。

5.6　水分测定

按 GB/T 3543.6 执行。

6　检验规则

6.1　抽样

6.1.1　组批

种子批的最大重量为 100 千克；同一批苗木作为一个检测批次。

6.1.2　抽样量

种子样品的最小重量为 300 克；起苗后连翘苗质量检测要在一个苗批内进行，采取随机抽样的方法，按表 5 规则抽样。

表 5　连翘苗检测抽样数量

连翘苗数	检测株数
≤500	30
501～1 000	50
1 001 以上	按 1% 抽检

6.2 检验误差

同一批苗木的质量检验的允许误差范围为 2%；成批出圃苗木数量检验的允许误差为 0.5%。详见表 6 和表 7。

表 6 质量检验允许不合格值测定表

同批量数（株）	允许值（株）
1 000	20
500	10
100	2
50	1
25	0

表 7 数量检验允许误差值测定表

同批量数（株）	允许值（株）
5 000	±25
1 000	±5
400	±2
200	±1
100	0

6.3 判定规则

以本文件中表 1（连翘种子质量）、表 2（一年生连翘实生苗质量）、表 3（两年生连翘实生苗质量）、表 4（连翘扦插苗质量）规定的指标作为检验依据，将二级种子以下定为不合格种子，将二级种苗以下定为不合格种苗。当检验工作有误或其他方面不符合有关标准规定必须进行复检时，以复检结果为准。

7 包装、运输、贮存

7.1 包装

用透气的编织袋、布袋、麻袋等符合卫生要求的材料包装，包装外附有种子标签以便识别。销售的袋装种子应当附有标签。每批种子应挂有标签，标明种子的产地、重量、净度、发芽率、含水量、纯度、质量等级、生产日期、生产者或经营者名称、地址等。

用有孔的木箱或纸箱进行种苗包装，每个包装箱外贴标签，标明产地、级别、数量、出圃日期、生产单位和合格证号等。

7.2 运输

种子运输应防雨、防冻、防干、防火等；苗木必须及时运输，途运途中，需对苗木采取保湿、降温、防风、防日晒等措施。

7.3 贮存

种子应在干燥、通风或低温条件下保存。种苗避免长时间露天放置，不能及时移栽时，应及时假植。

连翘种子
（山西省地方标准 DB14/T 1795—2019）

1 范围

本标准规定了连翘种子的术语和定义、质量要求、检验方法、检验规则、复验、包装、标识、运输和贮存。

本标准适用于连翘种子的生产及销售。

2 规范性引用文件

下列文件对于本文件的应用是必不可少的。凡是注日期的引用文件，仅注日期的版本适用于本文件。凡是不注日期的引用文件，其最新版本（包括所有的修改单）适用于本文件。

GB/T 3543.2　农作物种子检验规程　扦样
GB/T 3543.3　农作物种子检验规程　净度分析
GB/T 3543.4　农作物种子检验规程　发芽试验
GB/T 3543.5　农作物种子检验规程　真实性和品种纯度鉴定

GB/T 3543.6　农作物种子检验规程　水分测定

GB/T 3543.7　农作物种子检验规程　其他项目检测

GB/T 7414　主要农作物种子包装

GB/T 7415　农作物种子贮藏

GB 20464　农作物种子标签通则

3　术语和定义

下列术语和定义适用于本文件。

3.1　连翘种子：木犀科植物连翘［*Forsythia suspensa*（Thunb.）Vahl］的成熟种子。

3.2　扦样：从种子批中随机扦取一定重量且有代表性的供检样品。

3.3　净度：种子清洁干净的程度，即样品中除去杂质和其他植物种子后，净种子的重量占分析样品总重量的百分率。种子净度＝（净种子重量/各种成分重量之和）×100％

3.4　千粒重：表示国家标准规定水分的 1 000 粒种子的重量，以克为单位。

3.5　发芽率：指在规定的条件和时间内，正常发芽种子数占供检种子数的百分率。发芽率＝（正常发芽种子数/供检种子数）×100％

3.6　发芽势：种子从发芽开始到发芽高峰时段内发芽种子数占供检种子总数的百分比。发芽势＝（高峰时段内发芽种子数/供检种子数）×100％

3.7　水分：按规定程序把种子样品烘干所失去的重量，用失去重量占供检样品原始重量的百分率表示。种子水分＝［（样品的烘前重量－样品的烘后重量）/样品的烘前重量］×100％

4　质量要求

4.1　外观要求：长条或半月形，表面黄褐色，扁平，腹面平直，背面突起，外延成翅状，长5.5毫米~7.7毫米，宽1.4毫米~2.6毫米，厚0.6毫米~1.2毫米，具网状凸起，断面呈白色，有油性。

连翘种子外观形态及剖面见图1。

图1　连翘种子外观形态及剖面

4.2　质量标准：以种子发芽率、千粒重、净度、水分，四项指标为依据进行质量分级，种子质量应符合表1要求。

表1　连翘种子质量分级标准

指标		级别	
		Ⅰ级	Ⅱ级
发芽率（%）	>	80.0	60.0
千粒重（克）	>	2.5	2.5
净度（%）	>	85.0	80.0
水分（%）	≤	6.5	6.5

5　检验方法

5.1　扦样：按照GB/T 3543.2执行。

5.2　真实性鉴定：按照GB/T 3543.5的规定执行。通过对种子形态、大小、颜色、表面特性进行鉴定，应与4.1外观要求中种子形态描述一致。

5.3　净度：按照GB/T 3543.3的规定执行。称取10克种子，按纯净种子、其他物种种子以及杂质分开后，分别称重计算百分率，要求各成分之和与原始重量之差小于 5%。

5.4 千粒重测定：按照 GB/T 3543.7 的规定执行。随机数取 2 份供试样品，每份 1 000 粒。

5.5 水分测定：按照 GB/T 3543.6 的规定执行。取待检种子 5 克，采用低温烘干法烘干 7 小时后测定整粒种子含水量，根据烘后失去的重量计算种子水分百分率。

5.6 发芽率：按照 GB/T 3543.4 中的纸床法执行。室温下将种子浸水处理 12 小时，置于 25℃ 光照恒温培养箱中培养。统计第 4~20 天内正常种子发芽数。

5.7 发芽势：按照 GB/T 3543.4 的规定执行。按照发芽率检验方法测定连翘种子发芽势。统计第 4~8 天发芽种子数。

5.8 生活力：按照 GB/T 3543.7 的规定执行。采用四唑染色法，35℃，TTC 浓度 0.1%，染色时间 12 小时。

6　检验规则

净度、发芽率、千粒重应不低于规定指标，水分应低于或等于规定指标。符合规定指标者为相应等级的合格种子，若其中一项达不到指标的即为不合格种子。

7　复验

复验样品仅限样品送检时的留样。复检内容按 4 质量要求进行。

8　包装、标识、运输和贮存

8.1　包装
按照 GB/T 7414 的规定执行。

8.2 标识：按照 GB 20464 的规定执行。

8.3 运输：运输过程中防雨水、防潮湿、防混杂。

8.4 贮存：贮存方法按照 GB/T 7415 的规定执行。

二、种苗繁育相关标准

药林兼用型连翘容器育苗技术规程
（河北省地方标准 DB13/T 2405—2016）

1 范围

本标准规定了药林兼用型连翘容器苗培育的圃地选择、育苗设施、作床、基质配制、容器规格、扦插育苗、苗期管理、苗木出圃和档案管理等技术要求。

本标准适用于药林兼用型连翘容器扦插苗的生产。

2 规范性引用文件

下列文件对于本文件的应用是必不可少的。凡是注日期的引用文件，仅注日期的版本适用于本文件。凡是不注日期的引用文件，其最新版本（包括所有的修改单）适用于本文件。

GB 6000　主要造林树种苗木质量分级

GB/T 6001　育苗技术规程

LY/T 1000　容器育苗技术

3 圃地选择

选择交通方便、劳力充足、地势平坦、排灌方便、土层厚度不少于 50 厘米、肥力较好的微酸至微碱性的沙壤土、壤土或轻黏性壤土做圃地。便于就地取材，配制营养土。

4 育苗设施

4.1 塑料棚：育苗设施应设在避风向阳、地势平坦、靠近水源、交通和电力方便的地方。按照苗木生产计划，修建长期或简易塑料大棚，脊高 0.5 米～3.0 米，跨度 1 米～8 米，长度依据地形而定。

嫩枝扦插需搭设荫棚。

4.2 棚内布置：根据棚的规格可设置步道，步道宽度 30 厘米～40 厘米，间距 1.2 米～1.8 米。

5 作床

苗床宽 1.0 米～1.2 米，长度不超过 10 米，深 10 厘米～20 厘米，将苗床挖成深与容器袋相同或略高于容器袋。

6 基质配制

基质以疏松透气不板结、有机质含量 5.0％以上，pH 值 6.5～7.0。

基质配制可采用以下两种：

（1）田园土：河沙：草炭（或腐叶土）＝1：1：1；

（2）壤土：泥炭土：珍珠岩：腐熟农家肥＝5：3：1：1。

7 容器规格

7.1 容器选择：容器常用网袋容器、塑料育苗袋、营养钵等。

容器规格根据培养苗木的年限选择，培育一年生苗木的选择 10 厘米（d）×15 厘米（h），培育二年生苗木的选择 15 厘米（d）×20 厘米（h）容器，并参照 LY/T 1000 标准第 3 章执行。

7.2 容器填充：容器装填要求上松下实，基质上表面距容器口 1.5 厘米～2.0 厘米。

7.3 容器摆放与消毒：把装满基质的容器整齐放入苗床内，容器与容器之间要靠紧。扦插前 1 天～2 天用 70％甲基硫菌灵可湿性粉剂兑成 800 倍溶液或用 0.3％高锰酸钾溶液消毒，并喷透水。

8　扦插育苗

8.1　嫩枝扦插

8.1.1　插穗制备：6—8 月从树龄 3～4 年、生长健壮的连翘母株上选取当年生半木质化枝条，截成 10 厘米～15 厘米，顶部留 3～4 片叶，下切口到底芽留 1 厘米。采条时要区分长、短花柱枝条，分别制备。

8.1.2　插穗处理：将插穗基部在浓度为 200 毫克/千克～300 毫克/千克的 NAA 溶液中速蘸。

8.1.3　扦插：插穗处理后及时扦插，深度 3 厘米～5 厘米，每个容器扦插 2～3 个枝条。

8.1.4　扦插后管理：扦插完后，喷透水，并喷洒 0.2％多菌灵进行杀菌。

以后每隔 5 天～6 天喷洒 0.2％多菌灵进行杀菌，根据天气情况调节喷水时间和喷水量。苗床温度保持 25～28℃，相对湿度在 80％以上，20 天～30 天可生根。

生根后减少喷水次数，保持基质湿度，逐渐通风透光进行炼苗。

8.2　硬枝扦插

8.2.1　插穗制备：秋季落叶后选择生长健壮的 3～4 年生连翘做母株，从母株上剪取芽饱满的枝条，截成 15 厘米～20 厘米的插穗。长、短花柱枝条分别采集，分别制备。

8.2.2　插穗处理：将插穗基部在浓度为 200 毫克/千克～300 毫克/千克的 NAA 溶液中蘸 2 分钟～3 分钟。

8.2.3　扦插：秋季落叶后或春季萌芽前扦插。将穗条 1/3～1/2 插入容器基质中。

8.2.4　扦插后管理：扦插完后，喷透水，喷洒 0.2％多菌灵进行杀菌。根据气温和水分情况确定喷水时间。

生根后逐渐掀棚通风，减少喷水次数，减小苗床相对湿度进行炼苗，使幼苗逐渐适应外界环境。

9 苗期管理

9.1 浇水：幼苗进入生长期逐渐增加浇水量，苗木速生期浇水应见干见湿，封顶期应减少浇水量。

9.2 施肥管理：6 月中旬和 7 月中旬各撒施尿素一次，施肥量 15 克/米^2。8 月下旬和 9 月上旬各喷施 1 次 0.2% 的磷酸二氢钾溶液。

9.3 除草：按照"除早、除小、除了"的原则，每年人工拔除杂草 6～8 次。

9.4 病虫害防治

见附录 A。

10 苗木出圃

10.1 起苗：起苗应与造林时间相衔接，做到随起、随运、随栽植。

起苗前 3 天～5 天浇透水，用工具起苗和切断穿出容器的根系，保持容器内基质完整，防止容器破碎。

10.2 苗木检验：容器苗出圃检验按 GB 6000 第 4、5 章规定执行。

10.3 出圃苗规格：连翘造林出圃苗木规格应符合表 1 要求。

表 1 连翘造林出圃苗木规格

苗龄（天）	Ⅰ级苗		Ⅱ级苗	
	地径（厘米）	苗高（厘米）	地径（厘米）	苗高（厘米）
0～1	≥0.35	≥45	0.2～0.35	25～45
2	≥0.60	≥120	0.50～0.60	100～120

出圃苗除符合表中规定外，还必须根系发达，已形成良好根团，容器不破碎，苗干直，色泽正常，无机械损伤，无病虫害。休

眠期出圃的苗木应有顶芽且顶芽饱满，充分木质化。生长期出圃的容器苗，要叶色正常，生长旺盛。

容器苗的产量以有苗的容器为单位进行统计，不以容器内的苗木株数计算。长、短花柱苗按1∶1至1∶3的比例混合出圃。

10.4 运输：苗木在搬运过程中，轻拿轻放，运输损耗率不得超过2％。每批苗木附标签。

11 档案管理

技术档案的内容包括：容器育苗技术、苗期管理、各项作业的用工量和物料消耗等。育苗技术管理档案按照 LY/T 1000 附录 D 规定执行。

附　录　A

（规范性附录）

连翘常见病虫害防治表

A.1 给出了连翘常见病虫害的种类及防治方法。

表 A.1 连翘常见病虫害防治表

类型	防治对象	防治方法
病害	叶斑病和褐斑病	栽植于肥沃，湿润的地方，加强抚育管理；及时收集落地病叶，加以烧毁；在发病前的春季或高温多雨季节，喷洒1％的波尔多液防止病原侵染蔓延；在病害盛发期，每半月喷波尔多液一次，也可在病前或初期喷托布津可湿性粉剂 500～800 倍液。
虫害	透翅蛾	食叶害虫可用敌百虫 800～1 000 倍液喷杀防治。
	蚜虫	采用10％吡虫啉 1 500 倍液或25％柯克泰（噻虫嗪）3 000 倍液或21％灭杀毙（氰戊·马拉松）乳油 1 500 倍液叶面喷雾，药液应轮换使用。
	红蜘蛛	采用40％三氯杀螨醇乳油 1 000～1 500 倍液或20％螨死净（四螨嗪）可湿性粉剂 2 000 倍液或15％哒螨灵乳油 2 000 倍液可达到防治效果。

连翘播种育苗技术规程

（山西省地方标准 DB14/T 2108—2020）

1 范围

本标准规定了连翘［*Forsythia suspensa*（Thunb.）Vahl］播种育苗的种子准备与处理、圃地选择、整地和施肥、播种、苗期管理、病虫害防治、苗木出圃和档案管理等要求。

本标准适用于连翘播种育苗生产经营和管理。

2 规范性引用文件

下列文件对于本文件的应用是必不可少的。凡是注日期的引用文件，仅注日期的版本适用于本文件。凡是不注日期的引用文件，其最新版本（包括所有的修改单）适用于本文件。

GB 6000 主要造林树种苗木质量分级

LY/T 2289 林木种苗生产经营档案

LY/T 2290 林木种苗标签

DB14/T 137 林木种子质量分级

3 圃地选择

选择地势平坦，背风向阳，具备灌溉条件，排水良好，土层深厚的砂壤土或中壤土地。

4 圃地准备

4.1 施肥

整地前施足底肥，每公顷施有机肥 22 500 千克～30 000 千克。

4.2 整地与消毒

前一年秋季或早春整地，深翻 25 厘米～30 厘米，播前耙细整平。土壤消毒参照 GB 6001 的规定执行。

4.3 作床

作平床，宽 1.2 米～1.3 米，长度视地形而定，埂高 10 厘米～15 厘米。

5 种子准备与处理

5.1 种子准备

5.1.1 采种

选择生长健壮、果实密集、无病虫害的采种母树，于 9 月下旬至 10 月采集发育成熟、籽粒饱满的果实，风干，取种晾晒，除去瘪粒和杂质，贮藏阴凉干燥处。

5.1.2 购种

从具有种子生产经营许可资质的单位购入，质量达到 DB14/T 137 规定的 II 级及以上。

5.2 种子处理

春播前 10 天左右，冷水浸泡种子 24 小时，其间换水 1 次。捞出用 0.5％的高锰酸钾水溶液浸种 3 小时，冲洗后摊于平地，厚度 8 厘米～10 厘米，覆盖草帘或塑料薄膜，勤翻动。催芽第 5～6 天用二甲基氨基苯重氮磺酸钠 95％可溶性粉剂 500 倍稀释液 150 克～200 克拌种，约 30％的种子裂嘴露白时，即可播种。秋播种子无需处理。

6 播种

6.1 播种时间

春播在 4 月中旬至 5 月上旬；秋播在 10 月下旬至土壤封冻前进行。

6.2 播种量

每公顷播种量 45 千克～75 千克。

6.3 播种方法

宽幅条播，幅宽 10 厘米～15 厘米，深 2 厘米～3 厘米，行距

30 厘米～40 厘米。底墒不足时，播种前在开沟内浇足底水，将种子均匀撒入，覆土 1 厘米～1.5 厘米，轻镇压。

6.4 覆盖

播后顺垄搭建小拱棚，用黑色地膜覆盖。

7 苗期管理

7.1 通风

出苗达 80％时，在拱棚上方打孔透气，打孔面积占总面积 20％～30％，随苗木生长逐渐扩大，至雨季全部撤除。

7.2 猝倒病防治

出苗 80％左右时，用 30％噁霉灵 500 倍液喷淋苗床，浸透苗根，间隔 7 天～10 天再喷施一次。

7.3 间苗

苗高 5 厘米～6 厘米，间除细、弱、过密苗，保留株距 5 厘米～8 厘米。

7.4 松土除草

苗高 10 厘米左右，浅耕除草，后期视土壤墒情和杂草情况，及时中耕除草。

7.5 灌溉和排水

根据土壤墒情适时浇水，雨季注意排水。

8 主要病虫害防治

主要病虫害防治方法见附录 A。

9 苗木出圃

9.1 起苗

春季萌动前或秋季落叶后。起苗前 5 天～7 天灌足底水。

9.2 检验分级

检测方法按照 GB 6000 的规定执行。苗木质量等级见附录 B。

9.3 苗木检疫

出圃苗木应进行苗木检疫，出具检疫证书。

9.4 苗木标签

每批次苗木应在包装内外悬挂苗木标签。标签格式和内容按照 LY/T 2290 的规定执行。

9.5 包装

苗木根系蘸泥浆，每 50 株或 100 株一捆，装入包装袋。

9.6 运输

苗木包装后，及时运输，途中保持根部湿润，注意通风。

10 档案管理

按照 LY/T 2289 中的规定执行。

附 录 A

（规范性附录）

主要病虫害防治方法

主要病虫害防治方法见表 A.1。

表 A.1 主要病虫害防治方法

名称	症状	防治方法
菟丝子	受害时，枝条被寄生物缠绕而生缢痕，生育不良，树势衰落，严重时嫩梢和全株枯死。	1. 种子先于连翘种子发芽，应先对其进行摘除。 2. 加强栽培管理。结合苗圃管理，于菟丝子种子未萌发前进行中耕深埋，使之不能发芽出土，（一般埋于 3 厘米以下便难于出土）； 3. 人工铲除。春末夏初检查苗圃，一经发现立即铲除，或连同寄生受害部分彻底清除。 4. 喷药防治。在菟丝子发生时，用菟丝净选择无风的晴天每 20 克兑水 25 千克即每 10 克兑一壶水稀释后均匀喷雾进行防治。

（续）

名称	症状	防治方法
叶斑病	受害严重时，使植株的叶片枯萎，造成植株死亡。	1. 通风透光，控制高温。高温季节及时浇水降温； 2. 植株休眠期，及时清除杂物及病害枝条，集中烧毁； 3. 加强水肥管理，营养平衡； 4. 及时喷施 70% 百菌清 1 300 倍液，或 55% 多菌灵 750 倍液进行防治，严重时，连续喷施 3 次，每次间隔 7 天，可有效控制病情。
桑白盾蚧	受害严重的植株，介壳密集重叠，像覆盖了一层棉絮，受害植株枝叶开始萎蔫，严重时导致全株死亡。	1. 加强苗木检疫，严禁带虫种苗； 2. 在植株休眠期，及时清除具有虫害的枝条，集中烧毁； 3. 春季植株萌发前，去掉枝干上越冬的成虫； 4. 种植密度合理，通风透光，合理施肥； 5. 一旦虫害发生，及时喷施 9 000 介螨灵乳油 200 倍液，或 50% 灭蚧可溶性粉剂 150 倍液，或 30% 扑虱灵可湿性粉剂 900 倍液，进行防治； 6. 保护利用天敌，如蚜小蜂、草蛉等。充分发挥天敌控制虫害。

附　录　B
（规范性附录）
苗木质量等级

苗木质量等级见表 B.1。

表 B.1　苗木质量等级

名称	苗龄	等级			
连翘	2 年生	Ⅰ级		苗高/厘米	>100
				地径/厘米	>1.0
			根系	主根长/厘米	>20
				>5 厘米长的一级侧根数/个	5～6

（续）

名称	苗龄	等级			
连翘	2年生	Ⅱ级		苗高/厘米	70～100
				地径/厘米	0.6～1.0
			根系	主根长/厘米	15～20
				＞5厘米长的一级侧根数/个	3～4

连翘全光照喷雾嫩枝扦插育苗技术
（河南省地方标准 DB41/T 655—2010）

1 范围

本标准规定了连翘全光照喷雾嫩枝扦插育苗的育苗地选择、苗床建立、穗条采集与扦插、插后管理、分苗移栽与管理、病害防治和苗木出圃的技术要求。

本标准适用于连翘的嫩枝扦插育苗。

2 育苗地选择

选择背风、土层深厚肥沃、地势平坦、排灌条件良好的壤土或沙壤土作为育苗地。

3 苗床建立

3.1 苗床准备

苗床应在阳光充足、排水良好、地势平坦及距离水源和电源较近的地方建立，形状多为圆形，苗床直径与喷雾装置双臂喷水管长度相同或略长，中心高，四周低。苗床外周用砖砌高40厘米～50厘米矮墙，最低层留出排水孔。

3.2　基质

基质分 3 层,底层为 15 厘米～20 厘米厚碎石块,中层为 15 厘米厚粗河沙,面层为 20 厘米厚的细河沙。河沙应干净、无杂质、无污染、铺平压实。

3.3　基质处理

基质铺平压实后,用 0.2% 的高锰酸钾溶液进行彻底消毒,均匀喷洒,直至从排水孔流出紫红色高锰酸钾液体为止。30 分钟后用清水冲洗干净,直至排水孔流出清水为止。

3.4　设备安装

可选用叶湿自控仪或微喷控制仪及配套装置,按安装说明将育苗设备安装在苗床中心。

4　穗条采集与扦插

4.1　插条采集

6 月～7 月,从结果性能良好、生长健壮、枝条节间短而粗壮、无病虫害的母株上剪取当年生半木质化嫩枝作插条,将插条放入水桶中用湿布、塑料薄膜包裹。

4.2　插穗剪取

将插条剪成 10 厘米～15 厘米长插穗,插穗的剪口为"上平下斜",上口距顶芽 1 厘米,下切口紧靠下芽下部,剪成马耳斜面,切口要平滑。将下部叶片全部剪除,只保留插穗顶部 1 个～2 个叶片,同时将叶片剪掉 1/3～1/2,剪好后置于清水中备用。

4.3　插穗处理

剪切好的插穗按 30 根～50 根扎成捆,下部对齐,用多菌灵或甲基硫菌灵浸泡基部进行杀菌处理,具体使用浓度和方法参照说明书进行,再用 100 毫克/升 ABT 生根粉 1 号浸泡基部 0.5 小时进行生根处理。

4.4 扦插

以直插为宜，株行距为 4 厘米×5 厘米，扦插深度 3 厘米～4 厘米，宜浅不宜深，以固定不倒为宜。

5 插后管理

5.1 水分

扦插后愈伤组织形成之前 2 小时喷雾 1 次，每次喷雾时间在 10 分钟以上；愈伤组织形成之后，适当减少喷雾，待叶片上水膜蒸发减少至 1/3 时再喷雾；大量根系形成之后，将自动系统调整至中午前后少量喷雾，待普遍长出侧根后及时分苗移栽。

5.2 叶面喷肥

在插穗愈伤组织形成后，每隔 7 天喷 0.2% 磷酸二氢钾或 0.1%～0.3% 尿素溶液，喷肥时间宜在傍晚或清晨进行，以雾粒附满叶面，又不滴水为宜。

6 分苗移栽与管理

6.1 分苗移栽

移栽前 3 天～5 天停水，起苗应保持根系完整，移栽在遮阴棚下，及时浇水，移栽株距 10 厘米～15 厘米，行距 30 厘米～40 厘米。

6.2 除草

及时除草，始终保持地面无杂草。

6.3 叶面喷肥

喷施 2 次～3 次 0.2% 磷酸二氢钾和尿素混合溶液。

6.4 浇水与排水

浇水应掌握适时、适量。发芽初期使地面处于湿润状态；苗木生长初期采用少量多次的方法进行浇水；苗木速长期间应采用多量少次的方法浇水；苗木生长后期应控制浇水，除特别干旱外，可不必浇水。发现积水应及时排除，做到内水不积，外水不淹。

7　病害防治

扦插结束之后及时全面喷施多菌灵或甲基硫菌灵，具体使用浓度和方法参照说明书进行，插穗生根后适当减少喷药次数，随时清除苗床内的落叶、枯枝。

幼苗生长期间主要防治苗木猝倒病，在发病前，苗木幼嫩期间，可用石灰粉与草木灰以1∶4的比例混合均匀，每667米^{2}苗床撒施100千克～150千克，幼苗发病期可用退菌特1 000～1 500倍液或70%甲基硫菌灵700倍液喷洒病株及周围的病土，7天～10天喷一次，连喷2次～3次。

8　苗木出圃

苗高长至60厘米以上即可出圃定植。在苗木落叶后至土壤封冻前，或翌年春季土壤解冻后至萌芽前出圃。起苗前应浇透水，保证苗木主、侧根系完好，避免大风烈日下起苗。

三、栽培生产相关标准

连翘雨季直播与仿野生抚育技术规程
（河北省地方标准 DB13/T 5762—2023）

1 范围

本文件规定了木犀科植物连翘［*Forsythia suspensa*（Thunb.）Vahl］雨季直接播种和仿野生抚育的产地环境、造林地选择、整地、直播造林、幼林抚育、果实采收等技术要求。

本文件适用于河北省连翘雨季直播和仿野生抚育。

2 规范性引用文件

下列文件对于本文件的应用是必不可少的。凡是注日期的引用文件，仅所注日期的版本适用于本文件。凡是不注日期的引用文件，其最新版本（包括所有的修改单）适用于本文件。

GB 3095　环境空气质量标准

GB 15618　土壤环境质量农用地土壤污染风险管控标准（试行）

NY/T 1276　农药安全使用规范　总则

DB13/T 396.13　抗旱、保水化学制剂应用技术规程

DB13/T 5461—2021　连翘种子种苗质量标准

3 术语和定义

本文件无需要界定的术语和定义。

4 产地环境

不受污染源影响，或污染物含量限制在允许范围内，生态环境良好的区域。产地空气质量符合 GB 3095 中二级标准，土壤质量

符合 GB 15618 的规定。

5　造林地选择

选择土层厚度≥20 厘米，排水良好的壤土或沙壤土。山地选半阴坡或有植被遮阴的阳坡。丘陵、山地坡度≤25°。

6　整地

6.1　整地时间
于上一年秋后整地，或当年春季土壤解冻后、雨季来临前进行整地。

6.2　林地清理
以机械或人工清理造林地上的灌木、杂草、石块等杂物。

6.3　整地方法
坡度≤5°的缓坡地，可进行穴状整地。容易发生水土流失的低山丘陵区，坡度 5°～25°，可进行鱼鳞坑整地。沿等高线以 1.5 米～2 米株距定出种植点，以种植点为中心，向山坡下方挖半月形鱼鳞坑，外高内低，成品字形配置，挖好后，在鱼鳞坑下沿外围采用专用挡板或石头砌做弧形围堰，高 30 厘米～40 厘米。种植穴规格详见表 1。

表 1　不同造林方式及对应坑穴规格

造林方式	鱼鳞坑规格	种植穴规格
	长径（厘米）×短径（厘米）×穴深（厘米）	长（厘米）×宽（厘米）×穴深（厘米）
直播造林	30×20×20	20×20×20

7 直播造林

7.1 种子采集与处理

7.1.1 种子质量要求

种子质量应符合 DB13/T 5 461 的规定。

7.1.2 种子处理

7.1.2.1 消毒

先用 0.5% $KMnO_4$ 水溶液消毒 30 分钟后，再用清水冲洗 2~3 遍，风干备用。

7.1.2.2 种子包衣

造林前 30 天，将保水剂与广谱型抗病虫种衣剂按照使用要求充分混合，形成具有抗旱和抗病虫功能的复合型包衣剂。使用比例为复合型包衣剂：连翘种子＝1：0.3，用包衣机（或在密闭的塑料瓶内摇动）混合拌匀，使包衣剂裹在种子表面，之后晾晒，使含水量≤10%。

包衣剂安全性应符合 NY/T 1276 规定。保水剂应用方式应符合 DB13/T 396.13 标准的规定。

7.2 播种造林

7.2.1 播种时间

7 月上中旬，透雨之后或降雨之前 1 天~2 天，抓住有利时机进行播种。

7.2.2 播种密度

穴距 1.5 米，行距 2 米~3 米，造林密度为 148~222 穴/亩。

7.2.3 播种方法

清除穴内杂草、大石块等杂物。均匀播入处理好的种子，每穴 10~15 粒，覆土厚度 1 厘米，稍加镇压。

7.3 苗期管理

7.3.1 间苗与补苗

第二年 4—5 月间苗，每穴留壮苗 3～4 株。苗高 5 厘米～8 厘米时，对缺苗穴补苗 3～4 株，以阴天或傍晚为宜，补苗后应适当浇水和遮阴。

7.3.2　小苗管护

苗期及时清理穴内幼苗 30 厘米范围内的杂草或灌丛。

8　幼林抚育

8.1　定苗补缺

每穴保留 1 株～3 株健壮苗。缺苗、死苗要及时补苗。

8.2　幼树修剪

8.2.1　夏季修剪

6—8 月进行，轻剪为主。根基部生出的强壮枝条，选留不同方向的 1～3 个根蘗，高度达 1 米左右时，离地面 80 厘米处剪去顶梢，作为主干培养；生长过旺的枝条及时打顶，侧枝长度达到 30 厘米时再打顶；树体接近地面部分 50 厘米以下的枝条全部清理掉；残枝、枯枝整体剪除。

8.2.2　冬季修剪

落叶后至翌年惊蛰前进行，以重剪、修型为主。幼龄树株高达 1 米，在主干距地面 70 厘米～80 厘米处剪去顶梢，促发新的分枝。第二年选择 3～4 个发育充实、分布均匀的侧枝，将其培养成主枝，以后在主枝上再选留 3～4 个壮枝，培养成副主枝，在副主枝上培养结果枝组。通过几年的修剪，使其形成矮秆低冠，通风透光自然开心型树形。对于确定骨干枝以外的下垂枝、瘦弱枝、交叉枝、病虫枝等在整形修剪过程中全部剪掉。

9　果实采收

8 月上旬至 9 月上旬，采收青翘；9 月下旬至 10 月下旬，采收老翘。

连翘野生抚育技术规程

（山西省地方标准 DB14/T 1493—2017）

1　范围

本标准规定了连翘野生抚育的术语和定义、产地环境、选地、补植、林地管理、采收和生产记录。

本标准适用于连翘的野生抚育。

2　规范性引用文件

下列文件对于本文件的应用是必不可少的。凡是注日期的引用文件，仅注日期的版本适用于本文件。凡是不注日期的引用文件，其最新版本（包括所有的修改单）适用于本文件。

GB 3095　环境空气质量标准

GB 5084　农田灌溉水质标准

GB 15618　土壤环境质量标准

GB/T 15776　造林技术规程

DB14/T 1084　连翘无公害生产技术规程

3　术语和定义

下列术语和定义适用于本文件。

3.1　连翘

木犀科植物连翘［*Forsythia suspensa*（Thunb.）Vahl］。

3.2　幼期树

2～3 年生连翘。

3.3　盛果期树

4～8 年生连翘。

3.4　自然开心形

主干顶端着生三个主枝，向四周放射而出，直线延伸，每主枝着生 2 个至 3 个背斜生侧枝。

4　产地环境

选择不受污染源影响或污染物含量限制在允许范围之内，生态环境良好的区域。产地的空气质量符合 GB 3095 中二级标准，灌溉水质量符合 GB 5084 的规定，土壤质量符合 GB 15618 的规定。

5　选地

选择海拔 600 米～1 500 米，连翘数量大于每 667 米^2 30 丛野生连翘资源分布的背风向阳缓坡。

6　补植

6.1　种苗规格

2 年生，株高 50 厘米以上，基部直径 0.3 厘米以上，根系发达。

6.2　密度

按照 GB/T 15776 的规定执行。

6.3　补植时间

春季、秋季。

6.4　补植方式

将长花柱植株与短花柱植株种苗株间或行间 1：1 混交种植。无土碎石地的山坡，结合鱼鳞坑补植方式。土层相对深厚的山坡补植完后可以利用草皮，以苗木为中心覆盖坑面。

6.5　整穴

在原有植株周围进行鱼鳞坑整穴，随自然坡形，沿等高线水平放线，"品"字形定点，按株行距 2 米×3 米，挖近似半月形的坑，坑底低于原坡面，保持水平或向内倾凹入。鱼鳞坑规格为：长 40 厘米～60 厘米，宽 40 厘米～50 厘米，深 20 厘米～40 厘米。在坑外缘用未风化的碎石筑埂，埂高 15 厘米。将周边表土入坑，底土堆在坑外侧，结合周边原有植株位置，外高里低。

6.6 补植方法

将苗放入挖好的鱼鳞坑内，先回填少量土进行提苗，之后进行踏实或用锄头捣实，然后将所有土回填后进行踏实，最后浇定根水。

6.7 水肥管理

按 DB14/T 1084 连翘无公害生产技术规程执行。

7 林地管理

7.1 修剪整形

7.1.1 树形

自然开心形。

7.1.2 修剪时间

夏剪于花谢后的 5—7 月进行；冬剪主要在连翘休眠期 11 月至次年 2 月进行。

7.1.3 修剪方法

7.1.3.1 幼期树

在补栽的幼树高达 1 米左右时进行冬剪，在主干离地高度 70 厘米～80 厘米处剪去顶梢。通过夏剪摘心，多发分枝，从中选择保留不同方向 2～3 个健壮的分支，作为干枝，培养树形。

7.1.3.2 盛果期树

以夏剪为主，在不同方向选择 4 个发育充实的侧枝打顶摘心，促进多发分枝，培育成主枝，以后在主枝上再选留 3～4 个壮枝培育成副主枝，在副主枝上放出侧枝；冬剪以疏剪为主。在主干离地面 130 厘米～150 厘米处剪去顶梢，同时将枯死枝、病虫枝、纤弱枝、交叉枝及重叠枝剪除。

7.1.3.3 平茬更新

选择 10～12 年生及以上的老龄树为对象。冬季落叶后，将连翘地上部分离地面 5 厘米～10 厘米全部剪除，促其抽出旺枝、壮枝。

7.2　病虫害防治

按照 DB14/T 1084 的规定执行。

8　采收

青翘，采收期为果实初熟尚带绿色时。

老翘，采收期为果实熟透，果皮变黄褐色，果实裂开时。

9　生产记录

应对连翘野生抚育活动过程进行详细记录，具体参见附录 A。原始记录应保留 5 年以上。

附　录　A

（资料性附录）

连翘野生抚育农事活动记录表

连翘野生抚育农事活动记录表见表 A.1。

表 A.1　生产操作记录表

单位名称：　　　　　　　负责人：　　　　　电话：

药材品种		种子种苗来源		抚育区域地点		原有植株数（株）	
抚育规模（米²）		鱼鳞坑数（个）		除草时间		补植时间	
补植株数（株）		灌水时间		施肥时间		平茬时间	
修剪时间	春剪	采收期	青翘	采收量（千克）	青翘		
	冬剪		老翘		老翘		

制表人：　　　　　　　制表时间：

连翘种植气象服务规范

（山西省地方标准 DB14/T 2643—2023）

1 范围

本文件规定了连翘种植气象服务的基本要求、常规气象服务、高影响气象服务、生长关键期气象服务、评价与改进。

本文件适用于连翘种植的气象服务工作。

2 规范性引用文件

下列文件中的内容通过文中的规范性引用而构成本文件必不可少的条款。其中，注日期的引用文件，仅该日期对应的版本适用于本文件；不注日期的引用文件，其最新版本（包括所有的修改单）适用于本文件。

QX/T 116—2018 重大气象灾害应急响应启动等级

GB/T 27957—2011 冰雹等级

GB/T 27956—2011 中期天气预报

GB/T 21984—2017 短期天气预报

GB/T 35221—2017 地面气象观测规范 总则

GB/T 28594—2021 临近天气预报

3 术语和定义

下列术语和定义适用于本文件。

3.1 气象灾害

连翘生长季内，由干旱、暴雨（雪）、连阴雨、雷电、冰雹、高温、低温、寒潮、霜冻、冰冻、冻雨、大风、大雾、霾和干热风等气象因素对连翘生产造成损害的事件或现象。

3.2 高影响天气

冰雹、大风、连阴雨等能够对连翘生产带来重要影响的天气过程。

3.3　霜冻

生长季节里因最低地温降到 0℃ 以下而使植物受害的一种农业气象灾害。

注：改写 QX/T 116—2018，定义 2.10

3.4　大风

瞬时风速达到或超过 17.0 米/秒的风。

3.5　冰雹

坚硬的球状、锥形或不规则的固体降水物。［GB/T 27957—2011，定义 2.1］

3.6　连阴雨

连阴和连续降雨日数均大于等于 5 天，每天日照时数小于等于 3 小时，开花期过程降雨量大于等于 30 毫米的天气过程。

注：允许其中一天日照时数大于 3 小时或降雨量为 0.0 毫米。

3.7　干旱

长期无雨或少雨，使土壤水分不足、作物水分平衡遭到破坏而减产的气象灾害。

3.8　短期气候预测

某一区域未来 30 天以上天气变化的预先估计和预告。

3.9　延伸期天气预报

某一区域未来 10 天以上、30 天内天气变化的预先估计和预告。

3.10　中期天气预报

某一区域未来 72 小时以上、240 小时内天气变化的预先估计和预告。［GB/T 27956—2011，定义 3.1］

3.11　短期天气预报

某一区域或地点未来 72 小时内天气变化的预先估计和预告。

［GB/T 21984—2017，定义 2.1］

3.12 短时天气预报

某一区域未来 12 小时内天气变化的预先估计和预告。

3.13 临近天气预报

某一区域未来 0～2 小时天气现象和气象要素状态及其变化的描述和预告。［GB/T 28594—2021，定义 3.1］

4 基本要求

4.1 业务保障

4.1.1 气象监测

根据中国气象局《气象服务工作暂行规定》和连翘生产实际，制定连翘种植周年气象服务方案，开展连翘种植相关气象要素监测。

4.1.1.1 建设气象观测站

a）根据连翘种植区的面积、所在地域经常发生的气象灾害种类、服务用户安排相关劳动的需求，建设或联合建设用于监测包括气温、相对湿度、风向风速、降水量以及其他相关项目的自动观测气象站或人工观测气象站；

b）开展气象观测应使用符合国务院气象主管机构审查合格和在检定合格有效期的仪器；

c）开展气象观测的方法，仪器安装、使用、维护应符合 GB/T 35221—2017 地面气象观测规范总则的规定；

d）开展连翘种植气象服务的单位应开展气象观测。

4.1.1.2 观测时间

气象观测宜全年进行，也可由开展连翘种植气象服务的单位和服务用户商定。

4.1.2 预报预警

根据服务方案，开展连翘种植气象预报预警：

a）每天按时制作提供常规气象预报产品；

　　b）出现高影响天气时，制作提供高影响天气风险预警，可滚动提供短时天气预报；

　　c）出现灾害性天气时，提供气象灾害预警信号，可滚动提供临近天气预报。

4.2　服务时间和方式

4.2.1　服务方式

可通过网站、电子显示屏、手机短信、手机 APP、电话等渠道，以文字、图片、语音和视频等形式向用户提供连翘种植气象服务。

4.2.2　服务时间

在连翘种植生长的全生育期内开展气象服务。

　　a）实时发布气象要素监测信息；

　　b）每天 08 时、18 时发布常规气象预报产品；

　　c）高影响天气风险预警发布后，应在 15 分钟内提供给用户；

　　d）气象灾害预警信号发布后，应在 10 分钟内提供给用户。

5　常规气象服务

5.1　年度气候预测

每年 1 月 10 日前发布。回顾前一年度连翘生长总体气象条件，结合本年度气候趋势预测和前期农业气象条件的主要特点，对本年度的光、热、水等农业气象条件进行分析和预测，提出有针对性的措施建议。

5.2　季度气候预测

每年 3 月 5 日前发布春季气候预测，6 月 5 日前发布夏季气候预测，9 月 5 日前发布秋季气候预测，12 月 5 日前发布冬季气候预测。总结上季度气候特点及其对连翘生长的影响，预测本季度气候变化趋势，并提出生产建议。

5.3　月气候预测

每月 1 日发布。总结上月天气特点及其对连翘生长的影响，预测本月气候变化趋势，结合连翘生长进程，提出生产管理中应采取的农业措施和建议。

5.4 旬预报

每月 1 日、11 日、21 日发布。回顾上旬天气实况，预测本旬天气变化，针对连翘生产提出建议。

5.5 周预报

每周一发布。回顾上周天气实况，预测未来一周天气变化，针对连翘生产提出建议。

5.6 短期天气预报

每天 16 时发布短期天气预报，预测未来 72 小时天气变化。

6 高影响天气服务

6.1 高影响风险天气预警指标

6.1.1 大风

大风风险预警运用山西省统一预警指标，分为四级（见附录 B 表 B.1），从低到高分别用蓝色、黄色、橙色、红色表示。

6.1.2 冰雹

用冰雹直径 D（毫米）划分冰雹等级，分为小冰雹、中冰雹、大冰雹和特大冰雹四级（见附录 B 表 B.2）。

6.1.3 连阴雨

连阴雨风险预警指标分为连阴雨和强连阴雨两级（见附录 B 表 B.3）。

6.2 高影响天气服务

当出现连翘种植高影响天气时，发布相关风险预警：

a）发布大风风险预警时，同时提供 24 小时内逐 3 小时风向、风速预报；

b）发布冰雹风险预警时，同时提供冰雹的短期天气预报；

c）发布连阴雨风险预警时，同时提供连阴雨的短期气候预测、延伸期、中期和短期天气预报。

7　生长关键期气象服务

7.1　开花期

春季 3 月中旬至 4 月下旬，向服务用户发布未来 1~3 天逐日滚动天气预报，重点是天空状况、天气现象、最高气温、最低气温、风等气象要素的预报；同时提供干旱的短期气候预测和短期天气预报服务，连阴雨的短期天气预报服务，霜冻的中期和短期天气预报，寒潮的中期和短期天气预报，大风的短期和短时天气预报服务及土壤墒情服务。

7.2　采摘期

夏季 7 下旬至 8 月下旬，向服务用户发布 1~3 天逐日滚动天气预报，重点提供气温、风力、降雨、相对湿度等的中期、短期天气预报服务，遇有灾害性、转折性等关键天气过程，及时向服务用户发布暴雨和短时强降水的短期、短时、临近天气预报和预警，冰雹的短期、短时、临近天气预报和预警，大风的短期、短时天气预报和预警。

7.3　病虫害防治期

5 月上旬至 8 月上旬，常见病害为叶斑病，常见虫害有蜡蝉、圆盾蚧、象虫、蜗牛、钻心虫、桑天牛；重点提供天气状况、气温、降雨、相对湿度、风向和风力的短期天气预报服务及病虫害防治指导服务。

8　评价与改进

8.1　服务评价

每个服务年度结束后或根据用户要求，开展连翘种植气象服务的单位应及时开展服务效益评估，并对获得的气象要素观测信息、开展服务形成的资料进行整理、总结并存档。

8.2 服务改进

在效益评估和总结的基础上，分析服务中的不足，进一步优化服务内容和工作流程。

附 录 A
（规范性）

风力等级特征及与风速的换算表

表 A.1　风力等级特征及与风速的换算表

风力等级	地物特征	相当于平地10米高处的风速（米/秒）
0	静，烟直上	0.0～0.2
1	烟能表示风向，树叶略有晃动，但风向标不能动	0.3～1.5
2	人脸感觉有风，树叶有响声，旗子开始飘动，高的草开始晃动，风向标能转动	1.6～3.3
3	树叶、小枝及高的草晃动不停，旗子展开	3.4～5.4
4	能吹起地面灰尘和纸张，树枝晃动，高的草呈波浪起伏	5.5～7.9
5	有叶的小树晃动，水面有小波，高的草波浪起伏明显	8.0～10.7
6	大树枝晃动，电线呼呼有声，举伞困难，高的草不时倾伏于地	10.8～13.8
7	全树晃动，迎风步行感觉不便	13.9～17.1
8	可折毁小树枝，人迎风前行感觉阻力很大	17.2～20.7
9	屋瓦被掀起，大树枝可折断	20.8～24.4
10	少见，见时可使树木拔起，建筑物损坏严重	24.5～28.4
11	很少见，有则必有广泛损坏	28.5～32.6
12	绝少见，损坏力极大	32.7～36.9
13	—	37.0～41.4
14	—	41.5～46.1
15	—	46.2～50.9
16	—	51.0～56.0
17	—	56.1～61.2
18	—	≥61.3

附　录　B
（规范性）
连翘种植高影响风险天气预警等级表

表 B.1　大风风险预警划分表

大风风险预警	平均风力（级）	阵风风力（级）
蓝色	6～7	7～8
黄色	8～9	9～10
橙色	10～11	11～12
红色	≥12	≥13

表 B.2　冰雹等级表

冰雹等级	冰雹直径
小冰雹	D＜5 毫米
中冰雹	5 毫米≤D＜20 毫米
大冰雹	20 毫米≤D＜50 毫米
特大冰雹	D≥50 毫米

注：冰雹预警可不指明冰雹等级

表 B.3　连阴雨风险预警等级划分表

连阴雨风险预警等级	降雨日数和过程降雨量
连阴雨	5～7 天，且≥30 毫米
强连阴雨	＞7 天，且≥50 毫米

参考文献

［1］GB/T 27957—2011　冰雹等级

［2］GB/T 27956—2011　中期天气预报

［3］GB/T 28592—2012　降水量等级

［4］GB/T 28591—2012　风力等级

［5］GB/T 21987—2017　寒潮等级

［6］GB/T 21984—2017　短期天气预报

［7］GB/T 35221—2017　地面气象观测规范　总则

［8］GB/T 28594—2021　临近天气预报

［9］QX/T 116—2018　重大气象灾害应急响应启动等级

［10］《大气科学辞典》编委会. 大气科学辞典. 北京：气象出版社，1994

连翘栽培技术规程

（河南省洛阳市地方标准 DB4103/T 139—2022）

1　范围

本文件规定了连翘的栽培环境、选地与整地、品种、繁殖、种苗标准、移栽、田间管理、采收、加工、包装和贮存条件。

本文件适用于洛阳地区连翘栽培。

2　规范性引用文件

下列文件中的内容通过文中的规范性引用而构成本文件必不可少的条款。其中，注日期的引用文件，仅该日期对应的版本适用于本文件；不注日期的引用文件，其最新版本（包括所有的修改单）适用于本文件。

GB 3095　环境空气质量标准

GB 5084　农田灌溉水质标准

GB 15618　土壤环境质量　农用地土壤污染风险管控标准（试行）

NY/T 393　绿色食品　农药使用准则

NY/T 496　肥料合理使用准则　通则

《中药材生产质量管理规范（试行）》

3 术语和定义

本文件没有需要界定的术语和定义。

4 栽培环境

4.1 一般要求

栽培环境应符合 GB 3095 的规定，土壤应符合 GB 15618 的规定，灌溉水应符合 GB 5084 的规定。

4.2 气候条件

连翘常生长在海拔 250 米～1 200 米的半阴坡或向阳坡的疏灌木丛中。年日照时数＞1 500 小时，年积温 4 000℃～6 000℃，最热月平均气温 25℃以上，最冷月平均气温－5℃以上。最适生长温度为 18℃～20℃，年生长期内无霜期＞170 天。

4.3 栽培条件

喜温暖湿润，耐寒、耐旱、耐瘠薄。对土壤要求不严，中性、微酸或微碱性土壤均能正常生长，但在排水良好、富含腐殖质的沙质壤土生长较好。年降水量 600 毫米～1 000 毫米，相对湿度 60％～75％为宜。降水多，湿度大易出现倒伏和荚果霉变。

5 选地与整地

5.1 选地

以地块向阳、半阳、酸碱度适中、深厚、土壤肥沃、质地疏松、排水良好的地块为宜。低洼易积水地块不宜栽培。

5.2 整地

山地：秋季提前挖穴，成鱼鳞坑状，便于春季栽植。

丘陵、平地：秋季进行耕翻，每亩施充分腐熟有机肥 2 000 千克～2 500 千克，复合肥（硫酸钾）25 千克，耕深 20 厘米～25 厘米，然后耙细整平。肥料使用应符合 NY/T 496 要求。

6　品种选择

选择连翘优良单株或优良无性系栽植。如：豫翘 1 号、豫翘 2 号、豫翘 3 号、豫翘 4 号、晋翘 1 号等。

7　繁殖

7.1　播种繁殖

7.1.1　选种

在白露节气以后，采摘果圆、壳厚、品种纯正的黄翘，晾干、敲打、精选（净度 85％以上），得到纯净种子，用干净布袋装好种子，贮存温度 5℃～10℃。

7.1.2　种子催芽

3 月上旬进行催芽，将种籽在 2 000 倍赤霉素溶液中浸泡 4 小时，打破休眠，按 1 份种籽加 800 份河沙将种籽与湿河沙充分混合，在 10℃～20℃温度条件下，30 天左右即可发芽。

7.1.3　播种

育苗地作成 1 米宽平畦，长度视地形而定。采取条播法进行播种，畦面上按行距 20 厘米、深 1 厘米标准开沟，每亩播量 2 千克～3 千克。播种覆土后稍微进行踩压，使种子和土壤紧密结合，盖草帘子或湿毡布，保持土壤湿润，20 天左右即可出苗。

7.1.4　苗期管理

畦面应常保持湿润，4 月上旬苗高 3 厘米时，按株距 5 厘米进行间苗、定苗。4 月下旬，结合浇水，适时追肥。苗期及时中耕除草。

7.2　扦插繁殖

7.2.1　嫩枝扦插

6 月初至 8 月中旬进行。选择木质化程度 40％～60％枝条做插穗。插穗长 15 厘米～20 厘米，直径 0.3 厘米～0.5 厘米，每个插穗留 2～3 个芽，只保留上部 2 片叶，上剪口平，下剪口呈椭圆形，将插穗基部 2 厘米浸泡于 500 毫克/升萘乙酸溶液，速蘸 10 秒，晾干备用。

7.2.2　硬枝扦插

11 月至 3 月中旬，采集优良无性系枝条，接穗长度 15 厘米～20 厘米，直径 0.5 厘米～1.0 厘米，每个插穗留 3～5 个芽，上剪口平，下剪口呈椭圆形，将插穗基部 2 厘米浸泡于 500 毫克/升萘乙酸溶液，速蘸 10 秒，晾干备用。

7.2.3　扦插方法

嫩枝扦插采用育苗袋扦插。选用袋高 10 厘米、上口径 5 厘米聚乙烯黑色育苗袋，基质配比同苗床扦插。将装满基质的育苗袋整齐摆放，宽度视作业方便为原则，长度依据场地大小定。摆放后浇一遍透水，待表面无积水时扦插。每个育苗袋插一个插穗，插完后搭遮阳网。15 天～30 天生根发芽。

硬枝扦插采用苗床扦插。苗床宽 1 米、长度视地形而定。选择无污染、干净、过筛细河沙铺满苗床，摊平，厚度 15 厘米以上，床面覆盖黑色地膜。插穗斜切面向下穿透薄膜，株行距 10 厘米×10 厘米，深度 8 厘米～10 厘米，插后用手轻压插穗四周。插完后及时浇水，保持土壤湿润。春季 3 月至 4 月中旬生根发芽。苗期管理。扦插后喷雾保湿，苗床内湿度控制在 80％左右，白天地上部的插穗保持湿润（采用雾化喷灌设备）。1 年后可移入大田养苗，或雨季直接栽植。

7.3　压条繁殖

春季新枝条生长长度 50 厘米左右时，将植株基部枝条压埋入土中，翌年春季或秋季剪离母株定植。

8　种苗标准

种苗标准见表 1。

表 1　种苗标准

等级	一级苗	二级苗
播种苗	根系发育良好。主根基部直径＞0.8厘米，主根5条以上，地茎＞0.6厘米。	根系发育正常。主根基部直径＞0.6厘米，主根4条以上，地茎＞0.4厘米。
扦插苗	根系发育良好，主根6条以上。嫩枝扦插苗主根基部直径＞0.5厘米，地茎＞0.6厘米；硬枝扦插苗主根基部直径＞0.8厘米，地茎＞0.8厘米。	根系发育正常，主根4条以上。嫩枝扦插苗主根基部直径＞0.4厘米，地茎＞0.4厘米；硬枝扦插苗主根基部直径＞0.6厘米，地茎＞0.6厘米。

9　栽植

9.1　一般要求

当年扦插繁殖幼苗一般在秋季落叶后到土壤封冻前均可栽植，春季土壤解冻后到连翘新叶萌发前亦可。挂果前期行间可套种薯类、豆类，增加土地利用率。

9.2　密度及授粉树配置

一般栽植密度株行距（2~3）米×（3~4）米，每穴1~2株，便于行成产量。根据立地条件，合理调整株行距。栽植时要成片定植，有利于树与树之间授粉，一般采用长花柱：短花柱＝（3~4）：1连翘交叉栽植，促其早开花结果，早形成产量。

9.3　栽植方法

常采用挖穴移栽，穴大小60厘米×60厘米。填土时使根系舒展，分次踏实。山区移栽后备好半圆形鱼鳞坑保水。丘陵、平地移栽后覆盖地膜，保温保湿。

10　田间管理

10.1　追肥

10.1.1　初果期幼树

定植后 2 年～3 年即可挂果。每年 4 月下旬、6 月下旬，结合中耕，距离植株 30 厘米处挖宽 30 厘米、深 20 厘米的环状沟带，每亩施复合肥（硫酸钾）5 千克～20 千克，施肥后埋土覆盖。秋季每亩施腐熟有机肥 1 000 千克～1 500 千克。

10.1.2　盛果期树

定植后 5 年进入盛果期，于 3 月上旬叶面喷施 1%的过磷酸钙液，5 月上旬每亩施复合肥（硫酸钾）10 千克～15 千克，以磷、钾肥为主，促其坐果早熟。10 月下旬树冠覆盖内挖环状沟或放射沟，每亩施腐熟有机肥 1 000 千克，施肥后堆土覆盖。

10.2　整形修剪

10.2.1　整形

生产上多采用多主干自然开心型树型。春季新栽幼树在 1 米左右处定干。5 月至 7 月摘心，促多发新枝。夏季 7 月至 8 月或 11 月至翌年 2 月，调整树形，控制树冠，通风透光，小枝疏密适中，提早结果。初果期幼树在不同的方向选择 3～4 个粗壮枝培育成主枝，以后在主枝上再留选 2～3 个壮枝，培育成侧枝，在侧枝上培育结果短枝。

10.2.2　修剪

盛果期树，春季枝条萌生枝长出新枝后，逐渐向外侧弯斜，并不断抽生新的短枝。开花后应剪除枯枝、弱枝及过密、过老枝条。夏季采取摘心促发新枝，对旺长枝条适当保留，采取拉枝、扭梢等措施填补空间。冬季修剪要保持树型，剪去枯枝、重叠枝、交叉枝、纤弱枝、徒长枝、病虫枝。对多年开花衰弱结果枝进行短截或重剪，有利于剪口下发新枝，使树体更新复壮。

10.3　灌水与排水

连翘属浅根系，栽植当年需要浇水保证成活。一旦成活，自然降雨即可满足需求。丘陵、平地需要做好雨季排水。

10.4　预防霜冻

栽培区域不宜选择山下谷地及洼地，容易引起冷空气堆积导致霜冻。根据天气情况，可采用熏烟法，熏烟应在上风方向，午夜至凌晨 2—3 时进行。在较大幅度降温前后，树体喷施 0.4% 的糖氮液，或防冻液预防或减轻冻害。亦可在霜冻发生前，对植株表面喷水，使其体温下降缓慢，以缓和霜害。

10.5　病虫草害防治

10.5.1　病虫害种类

主要病虫害有叶斑病、蛴螬、钻心虫、蜗牛、蜡蝉类、蚧类等。

10.5.2　农业防治

预防叶斑病要加强肥水管理，注意营养平衡，不可偏施氮肥。合理修剪，疏除冗杂枝和过密枝，使植株保持通风透光。冬季落叶后清园，做好深翻土壤。

10.5.3　物理防治

3 月中旬人工捕杀蜗牛。4 月用频振式杀虫灯诱杀蛴螬、钻心虫成虫。

10.5.4　化学防治

贯彻"预防为主，综合防治"的植保方针。如必须施用农药时，执行 NY/T 393 要求，主要病虫害防治措施参见附录 A（资料性）。

10.5.5　除草

从栽植至成龄，需要 3 年～4 年时间。山区栽植除草采用拔掉每株冠幅覆盖范围内的即可。丘陵、平地可中耕除草，行间内杂草长到 30 厘米左右时刈割还田。避免使用除草剂。

11　采收、加工、包装和贮存

11.1　采收

因采收时间和加工方法不同，有青翘和黄翘（又称老翘）之分。青翘为 8 月中旬以后采收尚未成熟的青绿果实。黄翘为 10 月中旬以后果实成熟后，果皮为黄褐色，果实裂开或不裂开时摘下。

11.2 加工

青翘。采回后用自来水煮透或笼蒸 30 分钟捞出，放置在晒场晒干或烘干。加工成的果实为青色，不破裂。体干、不开裂、颜色较绿者为佳。

黄翘。对成熟果实去净枝叶，除去种子，运到清洁卫生的水泥晒场晒干或烘干。体干、瓣大、壳厚、颜色较黄者为佳。

11.3 包装和贮存

采用聚乙烯塑料袋密封包装，有条件的可真空包装。包装后贮存于阴凉通风干燥处，做好防鼠防潮防虫。仓储过程中容易变质，如变色、虫蛀、霉变等，对品质和疗效有较大影响，其间要进行抽样，测试含水量，发现含水量超标的及时处理。

附　录　A

（资料性）

常见病虫害防治措施

常见病虫害防治措施见表 A.1。

表 A.1　常见病虫害防治措施

防治对象	防治时期	农药名称	使用剂量	施药方法	安全间隔期天数（天）
叶斑病	5 月中下旬始发期，7—8 月发病高峰期	70%甲基硫菌灵可湿性粉剂	800～1 000 倍液/克	喷雾	30
		80%代森锰锌可湿性粉剂	400～600 倍液/克	喷雾	10
		2%春雷霉素水剂	400～500 倍液/毫升	喷雾	14
		50%克菌丹可湿性粉剂	500 倍液/克	喷雾	15

（续）

防治对象	防治时期	农药名称	使用剂量	施药方法	安全间隔期天数（天）
蛴螬	苗期与栽植初期	3%辛硫磷颗粒剂	每亩3千克~5千克	苗床和整地撒施	—
		50%辛硫磷乳油	1 000 倍液/毫升	灌根	—
		白僵菌或绿僵菌粉剂	每亩1千克与12.5千克细土拌匀	撒在栽植穴内	—
钻心虫	7月上旬成虫期	40%的辛硫磷乳油	原液	蛀孔堵塞	—
蜗牛	5—6月产卵期	生石灰粉	每亩5千克~7千克	撒施	—
		5%四聚乙醛颗粒剂	每亩500克~600克与1千克细土拌匀	撒施	—
蜡蝉类	发生期	21%噻虫嗪悬浮剂	4 000~5 000 倍液/毫升	喷雾	21
蚧类	发生期	25%噻嗪酮可湿性粉剂	1 000~1 250 倍液/克	喷雾	35

注：农药使用以最新版本 NY/T 393 的规定为准。

四、采收加工相关标准

连翘产地加工技术规程

（河北省邯郸市地方标准 DB1304/T 404—2022）

1 范围

本文件规定了连翘产地的加工的术语和定义、产地加工基地基本要求、加工技术基本要求、青翘、老翘的采收、加工、包装、贮存和运输。

本文件适用于连翘的产地加工，包括青翘、无柄青翘和老翘。

2 规范性引用文件

下列文件对于本文件的应用是必不可少的。凡是注日期的引用文件，仅所注日期的版本适用于本文件。凡是不注日期的引用文件，其最新版本（包括所有的修改单）适用于本文件。

GB 5749 生活饮用水卫生标准

SB/T 11182 中药材包装技术规范

SB/T 11183 中药材产地加工技术规范

SB/T 11095 中药材仓库技术规范

《中华人民共和国药典》

3 术语和定义

SB/T 11183 中界定的及下列术语和定义适用本文件。

3.1 连翘

木犀科植物连翘［*Forsythia suspensa*（Thunb.） Vahl］的干燥果实。

3.2 青翘

木犀科植物连翘初熟尚带绿时的果实，采收后除去杂质，蒸熟、晒干，习称"青翘"。

3.3 无柄青翘

青翘过筛、加湿、去柄、色选、过风后，习称"无柄青翘"。

3.4 老翘

木犀科植物连翘的果实熟透时采收，晒干，除去杂质，习称"老翘"。

4 产地加工基地基本要求

4.1 产地加工基地应与连翘产区的仓库设施配套、衔接。

4.2 应建立专业团队，提供连翘杀青、干燥、色选与包装等服务，并具备相应的质量控制能力。

4.3 根据连翘特性，制定加工工艺与操作规程，明确各关键工序的技术参数并进行文字记录。

5 产地加工技术基本要求

5.1 产地加工后的连翘质量应符合《中华人民共和国药典》规定。

5.2 所用水源应符合 GB 5749 要求，所用器具应清洁、无毒、无污染，且器具不能与连翘发生有毒有害和降低其有效成分的反应。

5.3 不应使用磷化铝熏蒸，亦不应滥用硫黄熏蒸。

5.4 污水与非药用部分的处理应符合国家相关法规的规定。

5.5 应结合连翘的特性与当地自然环境，选择科学、经济、环保、安全的加工设备、技术与方法。

5.6 连翘干燥热能传递介质应洁净。由清洁能源作为热源的烘干方式，烟气不应直接与连翘接触。不得在马路上晾晒。

5.7 产地加工过程中应确保人员和药材安全。

5.8 产地加工完成后的连翘，应当及时进行包装。

6 青翘采收及加工

6.1 采收

7月25日至9月15日，人工或机械采收初熟尚带绿色连翘果实。选用无毒无害、透气材料进行包装。不能及时加工的，应选择通风洁净的场地摊晾，厚度不得超过20厘米，或暂存于冷库保鲜，防止挤压。

6.2 工艺流程

青翘：连翘鲜果→杀青→干燥→青翘。

无柄青翘：青翘→过筛→加湿→去柄→色选→过风→无柄青翘。

6.3 加工方法

6.3.1 杀青

加工用水应符合GB 5749要求，杀青机内部材质应为304不锈钢，连翘鲜果采用蒸汽杀青，蒸汽压力0.2兆帕，蒸制10分钟。

6.3.2 干燥

杀青后的连翘果采用多层网带式烘干，网带要求304不锈钢，其余部分为304不锈钢、彩钢或碳钢。干燥温度70℃～80℃，时间8小时，烘干完毕后及时在通风洁净场地摊开降温，水分不得过10%。

6.3.3 过筛

采用振动筛（5毫米）过筛，去掉碎叶、杂质及直径小于5毫米青翘。

6.3.4 加湿

过筛后的青翘采用喷雾机器均匀加水4%～6%，放置4～8小时。

6.3.5 去柄

采用去柄机去掉连翘果柄。

6.3.6　色选/形选

采用色选机挑拣出带柄、变色青翘，挑选完毕后，果柄长超过2毫米的不超过5％。

6.3.7　过风

采用风机吹出破损的无柄青翘，破损率不超过4％。

7　老翘采收及加工

7.1　采收

10月以后，连翘的果皮变黄褐色，果实裂开时摘取连翘果实。

7.2　加工流程

连翘果实→净选→干燥→老翘。

7.3　加工方法

7.3.1　净选

连翘果实采摘后去净枝叶，除去种子，杂质不超过9％。

7.3.2　干燥

将净选后的连翘果及时摊开晾干或烘干，烘干温度50℃～60℃。干燥老翘水分不超过10％。

8　质量

青翘和老翘的质量按照《中华人民共和国药典》执行。

9　包装

包装执行SB/T 11182中的规定。

10　贮存

包装好的连翘药材贮存在清洁卫生、阴凉干燥、通风、防潮、防虫蛀、防鼠、防鸟、无异味的库房中，药材需离开墙壁50厘米以上，地面10厘米以上，防止药材吸潮而变质。堆放层数以10层之内为宜。定期检查与养护，其他执行 SB/T 11095 规定。

11　运输

连翘药材运输时，不能与有毒害、易污染物品的车辆混装同运，运输车辆要清洁卫生并具有防雨、防潮和无异味、无污染的设备，以免药材受到污染影响其质量。

十堰连翘采收加工规程

（湖北省十堰市地方标准 DB4203/T 206—2022）

1　范围

本文件规定了十堰连翘采收及产地加工的技术要求。

本文件适用于十堰市行政区划范围内连翘的采收和产地初加工。

2　规范性引用文件

下列文件中的内容通过文中的规范性引用而构成本文件必不可少的条款。其中，注日期的引用文件，仅该日期对应的版本适用于本文件；不注日期的引用文件，其最新版本（包括所有的修改单）适用于本文件。

GB/T 191　包装储运图示标志

GB 5749　生活饮用水卫生标准

NY/T 658—2015　绿色食品包装通用准则

《中华人民共和国药典》2020 年版

3　术语和定义

下列术语和定义适用于本文件。

3.1　连翘 Forsythiae fructus

木犀科植物连翘［*Forsythia suspensa*（Thunb.）Vahl］的干

燥果实。

3.2 十堰连翘 Forsythiae fructus in Shiyan

产于十堰市行政区划范围内的符合中国药典的连翘果实。

3.3 青翘 Green Fructus forsythiae

木犀科植物连翘 *Forsythia suspensa*（Thunb.）Vahl 的秋季果实尚带绿色时采收，除去杂质，蒸熟或煮熟，晒干，习称"青翘"。

3.4 老翘 Grown Fructus forsythiae

木犀科植物连翘 *Forsythia suspensa*（Thunb.）Vahl 的果实熟透时采收，除去杂质，晒干或烘干，习称"老翘"。

4 青翘

4.1 青翘性状

本品呈长卵形至卵形，稍扁，长 1.5 厘米～2.5 厘米，直径 0.5 厘米～1.3 厘米。表面绿褐色，有不规则的纵皱纹和较多突起的小点，两面各有一条明显的纵沟。顶端锐尖，基部有小果梗或已脱落。多不开裂，质硬；种子多数，黄绿色，细长，一侧有翅。气微香，味苦。

4.2 采收

4.2.1 采收期

9 月 1 日前后，果实初熟尚带绿色时采收。

4.2.2 采收方法

人工采摘连翘果实。

4.3 筛选

采收当天及时加工或冷库保鲜，去除枝叶等杂质，确保杂质不超过 3%。

4.4 杀青

4.4.1 杀青用水

符合 GB 5749 中的规定。

4.4.2　杀青机要求

箱体内部材料应为不锈钢。

4.4.3　蒸法

称取一定量的青翘，在杀青机内以水蒸气蒸制 15 分钟，蒸汽温度 105℃，蒸汽压力为 0.08 兆帕。蒸后沥去水分，干燥。

4.5　烘干

4.5.1　干燥机

采用多层网带式烘干，网带要求 304 不锈钢，其余部分为 304 不锈钢、彩钢或碳钢。

4.5.2　干燥方法

开始以 90℃～100℃的温度烘 2.5 小时；接着在 65℃～75℃的温度性下烘 3.5 小时；晾凉；将第二次烘干的连翘果实及时摊开晾晒，每日翻动 1 次～2 次，及时检查，发现霉烂及时拣除。干燥青翘水分不得超过 10％。

5　老翘

5.1　老翘性状

本品呈长卵形至卵形，稍扁，长 1.5 厘米～2.5 厘米，直径 0.5 厘米～1.3 厘米。表面有不规则的纵皱纹和多数突起的小点，两面各有一条明显的纵沟。顶端锐尖，基部有小果梗或已脱落。自顶端开裂或裂成两瓣，表面黄棕色或红棕色，内表面多为浅黄棕色，平滑，有一纵隔；质脆；种子棕色，多已脱落。气微香，味苦。

5.2　采收期

11 月下旬，待果皮变黄褐色，果实裂开时采收。

5.3　老翘暂存

采用无公害、透气的材料暂存。

5.4　筛选

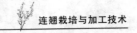

去除枝叶和自然脱落的种子，杂质不超过 9%。

5.5 干燥

5.5.1 烘干法

采用不高于 60℃的温度烘干后晾凉，烘干机械同青翘的干燥机。

5.5.2 晾晒法

将采收后的老翘及时摊开晾晒，每日翻动 1～2 次，及时检查，发现霉烂的及时拣除。

6 质量

质量应符合《中华人民共和国药典》2020 版要求。

7 包装

包装应符合 NY/T 658—2015 中的规定，并在封口处挂置图标卡，图标卡应符合 GB/T 191 中的规定。

8 储藏

选择干燥、通风、无污染、无异味的通风专用仓库，温度在 30℃以下、空气相对湿度 70%～75%条件下储存。药材含水量控制在 8%～10%以下。若有仓虫，使用符合规定的低毒低残留农药熏蒸。

9 运输

运输工具应清洁、干燥、无污染、无异味。运输过程应防雨、防潮、防暴晒；不得与其他有毒、有害、易污染的物品混装混运。

10 档案

建立全过程的档案，分别详细记录青翘和老翘采收、加工、包装、运输、贮藏等各环节具体过程，档案保管三年以上。批次采收加工记录表参考附录 A。

附 录 A
（资料性）
连翘（青翘、老翘）采收加工批次记录表

A.1 连翘（青翘）的采收、加工记录要求见表 A.1。

表 A.1 连翘（青翘）采收加工批次记录表

时间：					编号：		
药材名称							
地址					样品编号		
栽种时间					采收时间		
采收时天气状况							
采收前质量检验	成熟形态						
加工	操作	设备	时间		加工量		作业人
	清洗	Q1	时　分— 时　分		一千克		
		Q2	时　分— 时　分		一千克		
	杀青	S1	时　分— 时　分		一千克		
		S2	时　分— 时　分		一千克		
		S3	时　分— 时　分		一千克		
	干燥	操作	时间				
		进烘	时　分　温度				
		干燥	时　分— 时　分				
		干燥	时　分　温度				
		干燥	时　分　温度				
		干燥	时　分　温度				
		晾干	方式　时　分　温度				
采收药材			千克			件数	
生产部审核					质量部审核		

A.2 连翘（老翘）的采收、加工记录要求见表 A.2。

表 A.2 连翘（老翘）采收加工批次记录表

时间：		编号：			
药材名称					
地址			样品编号		
栽种时间			采收时间		
采收时天气状况					
采收前质量检验	成熟形态				
加工	干燥	操作	时间	加工量	作业人
		进烘	时 分— 时 分	千克	
		干燥	时 分— 时 分	千克	
		干燥	时 分— 时 分	千克	
		晾干	方式 时 分 温度		
采收药材		千克		件数	
生产部审核			质量部审核		

五、质量控制相关标准

地理标志产品　涉县连翘
（河北省地方标准 DB13/T 2836—2018）

1　范围

本标准规定了涉县连翘的术语和定义、地理标志产品保护范围、生长环境、种质、栽培和采收要求、试验方法、检验规则及标志、包装、运输、贮存。

本标准适用于国家质量监督检验检疫行政部门根据《地理标志产品保护规定》批准保护的涉县连翘。

2　规范性引用文件

下列文件对于本文件的应用是必不可少的。凡是注日期的引用文件，仅注日期的版本适用于本文件。凡是不注日期的引用文件，其最新版本（包括所有的修改单）适用于本文件。

GB/T 191 包装储运图示标志

中华人民共和国药典　2015 年版　一部

地理标志产品保护规定（国家质量监督检验检疫总局令〔2005〕第 78 号）

3　术语和定义

下列术语和定义适用于本文件。

3.1　涉县连翘 Shexian lianqiao

在第 4 章规定范围内的野生或按本标准要求种植、采收和加工的木犀科（Oleaceae）连翘属（*Forsythia*）植物连翘［*Forsythia suspensa*（Thunb.）Vahl］的干燥果实。

3.2 青翘

秋季果实初熟尚带绿色时，除去杂质，蒸熟，晒干，称之"青翘"。

3.3 老翘

果实熟透时采收，晒干，除去杂质，称之"老翘"。

4 地理标志产品保护范围

涉县连翘的地理标志产品保护范围限于国家质量监督检验检疫行政部门根据《地理标志产品保护规定》批准的范围，即河北省涉县现辖行政区域。见附录 A。

5 产地环境

5.1 地形地貌

海拔 400 米～1 500 米的山地。

5.2 土壤

石灰性褐土，主要质地为沙壤，pH 值范围为 7.9～8.4。

5.3 气候

年日照时数平均为 2 288.6 小时，年平均气温 12.4℃，温度在 0℃以上的活动积温 4 700℃，年平均降雨量 550 毫米。

6 栽培技术

6.1 种质

涉县连翘的原植物图见附录 B。

6.2 栽培技术

栽培技术见附录 C。

6.3 采收和加工

6.3.1 青翘

7 月上旬至 8 月中旬，采摘未成熟的青绿的果实，除去杂质，用沸水煮 5 分钟～10 分钟，或用汽蒸 15 分钟左右，取出晒干或烘干。

6.3.2　老翘

10月中下旬，果皮变黄褐色，果实裂开时采摘，除去杂质，晒干。

7　质量要求

7.1　感官要求

感官要求应符合表1的规定。

表1　感官要求

项目	青翘	老翘
色泽	表面青绿色或绿褐色，突起的灰白色小斑点较少	表面棕黄色，内面浅黄棕色
气味	气芳香，味苦	气芳香，味苦

7.2　理化指标

理化指标应符合表2的规定。

表2　理化指标

项目		指标	
		青翘	老翘
杂质/%	≤	3.0	9.0
水分/%	≤	9.0	9.0
总灰分/%	≤	4.0	4.0
浸出物/%	≥	30.0	16.0
连翘苷/%	≥	0.16	0.15
连翘酯苷 A/%	≥	0.25	0.25

7.3　安全质量指标

7.3.1　重金属限量指标应符合表3的规定。

表 3 重金属限量指标

项目			指标
	铅（以 Pb 计）/（毫克/千克）	≤	5.0
	镉（以 Cd 计）/（毫克/千克）	≤	0.3
重金属限量	砷（以 As 计）/（毫克/千克）	≤	2.0
	汞（以 Hg 计）/（毫克/千克）	≤	0.2
	铜（以 Cu 计）/（毫克/千克）	≤	20.0

7.3.2 农药残留量

按国家相关规定执行，凡国家规定禁止使用的农药不得检出。

8 试验方法

8.1 感官要求

取 100 克样品置于白色瓷盘中，观察其外形、色泽，嗅其气味，品尝其滋味。

8.2 杂质、水分、总灰分、浸出物、连翘苷、连翘酯苷 A

按《中华人民共和国药典》（2015 年版 一部）中规定的有关方法进行测定。

8.3 重金属含量

铅、镉、砷、汞、铜按《中华人民共和国药典》（2015 年版 一部）中规定的方法进行测定。

8.4 农药残留量

按《中华人民共和国药典》（2015 年版 一部）中规定的方法进行测定。

9 检验规则

9.1 组批

同一产区，同一采集批和同一加工批的产品作为一个检验批次。

9.2 抽样

按《中华人民共和国药典》（2015 年版 一部）附录ⅡA "药材取样法"规定执行。

9.3 检验项目

9.3.1 交（验）收检验

感官要求、水分、连翘苷含量和连翘酯苷 A 含量测定。

9.3.2 型式试验

每个采收季节进行一次，检验项目为第 7 章的全部项目。有下列情况之一时也应进行：

a）生长环境、栽培技术有重大改变，可能影响产品质量时；

b）国家质量技术监督部门提出型式检验要求时。

9.4 判定规则

9.4.1 交收检验或型式检验结果符合本标准要求时，则判该批产品为合格批或该周期型式检验合格。

9.4.2 安全质量指标中的重金属含量、农药残留量有一项不符合本标准要求的，均判为不合格。

9.4.3 感官要求、理化指标中有一项不合格的，应在同一批次产品中加倍取样或对备样复检不合格项，复检仍不合格的，则判为不合格。

10 标志、包装、运输、贮存

10.1 标志

10.1.1 地理标志产品专用标志的使用应符合《地理标志产品保护规定》要求。

10.1.2 获得批准的企业，可在其产品包装上使用地理标志产品专用标志。

10.1.3 标签标志应标明产品名称、产地、生产厂名、产品标准号、等级、重量、批号或生产日期。包装袋上的储运图示应符合 GB/T 191 的规定。

10.2 包装

包装材料应选择清洁无毒、无异味，符合国家卫生要求的包装材料。包装应牢固。

10.3 运输

运输工具应清洁卫生，不应与农药、化肥等其他有毒有害物品混运。运载工具应通气、干燥，应防雨、防潮。

10.4 贮存

加工好的连翘产品应有专门仓库进行贮存，不应与有害、有毒、有异味的物品混储，仓库应干燥透气。

附 录 A

（规范性附录）

地理标志产品涉县连翘保护范围图

A.1 图 A.1 给出了涉县连翘地理标志产品保护范围。

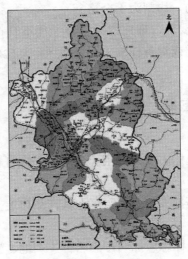

图 A.1 涉县连翘地理标志产品保护范围

附　录　B
（规范性附录）
涉县连翘原植物图

B.1　涉县连翘原植物见图 B.1。

图 B.1　涉县连翘原植物图（陆锦文　绘）

1~3. 连翘 *Forsythia suspensa*（Thunb.）Vahl　1. 果枝；2. 花枝；3. 花冠展开

4~6. 金钟花 *F. viridissima* Lindl.　4. 果枝；5. 花枝；6 花冠展开

附　录　C
（资料性附录）
涉县连翘栽培技术

C.1　育苗
育苗分为种子育苗和扦插育苗。

C.2 栽培时间

7月至8月雨季栽植或秋季秋分之后。

C.3 栽培方法

C.3.1 授粉株比例

授粉株（短柱花型植株：长柱花型植株）比例1：2。

C.3.2 栽植密度

每亩200株。

C.3.3 栽培方法

先将选择好的地块内灌木杂草清除，再沿等高线作梯田或作鱼鳞坑，按株行距1.5米×2米挖穴，穴径和穴深各30厘米。每穴栽苗1株，分层填土踩实，使根系舒展。栽后浇水，水渗透后，盖土低出地面10厘米左右，以利保墒。

C.4 田间管理

C.4.1 整形修剪

多采用自然开心形树形，对老枝进行适当修剪，提高连翘的结果率。

C.4.2 中耕除草

要及时进行松土除草。

连翘叶绿茶加工技术规程
（河南省地方标准 DB41/T 2355—2022）

1 范围

本文件规定了连翘叶绿茶加工的基本要求、加工工艺、包装和贮存。本文件适用于连翘叶绿茶的加工。

2 规范性引用文件

下列文件中的内容通过文中的规范性引用而构成本文件必不可

少的条款。其中，注日期的引用文件，仅该日期对应的版本适用于本文件；不注日期的引用文件，其最新版本（包括所有的修改单）适用于本文件。

GB/T 191 包装储运图示标志

GB 4806.4 食品安全国家标准 陶瓷制品

GB 4806.7 食品安全国家标准 食品接触用塑料材料及制品

GB 4806.8 食品安全国家标准 食品接触用纸和纸板材料及制品

GB 4806.9 食品安全国家标准 食品接触用金属材料及制品

GB 5749 生活饮用水卫生标准

GB 7718 食品安全国家标准 预包装食品标签通则

GB 9683 复合食品包装袋卫生标准

GB 14881 食品安全国家标准 食品生产通用卫生规范

GB/T 30375 茶叶贮存

GB/T 32744 茶叶加工良好规范

GH/T 1070 茶叶包装通则

GH/T 1077 茶叶加工技术规程

3 术语和定义

下列术语和定义适用于本文件。

3.1 连翘叶绿茶

以木犀科植物连翘 [*Forsythia suspensa* （Thunb.） Vahl] 的鲜叶为原料，经挑拣、摊晾、杀青、摊凉回潮、揉捻、烘干、筛分、复烘、精选、包装加工制成的连翘叶绿茶。

4 基本要求

4.1 原料

4.1.1 采摘 4月上旬至5月上旬连翘枝条的部分鲜叶，采摘后应防止堆积挤压，及时加工处理。

4.1.2　清洗用水应符合 GB 5749 的规定。

4.2　加工场地

4.2.1　加工场地应满足交通、水电、通讯等条件的便利性。

4.2.2　加工场地周围不得有粉尘、有害气体、放射性物质和其他扩散性污染源，距离垃圾场、畜牧场、医院 1 000 米以上，距离交通主干道 100 米以上。

4.2.3　加工场所内环境整洁、干净、无异味。道路应铺设硬质路面，排水系统通畅。其他要求应符合 GH/T 1077 的规定。

4.3　加工设备

4.3.1　应使用竹、木、藤等无异味、无毒、无害材料，加工设施、器具和工具应符合 GB/T 32744 的规定。

4.3.2　设备设施布局合理，符合工艺要求。

4.4　卫生要求

应符合 GB 14881 的规定。

5　加工工艺

5.1　挑拣

将鲜连翘叶摊开，挑出畸形、不完整的叶片和异物。

5.2　摊晾

鲜连翘叶挑拣后，均匀摊于洁净器具上，厚度 2 厘米～3 厘米，摊晾时间 2 小时～3 小时，摊晾温度 20℃左右，适时轻翻，以叶质变软、青气渐失为宜。

5.3　杀青

根据杀青机的技术参数确定投料量和杀青时间，杀青温度控制在 230℃～250℃，以清香气溢出、呈现暗绿色为宜，避免出现生青气、红梗、焦芽叶，手握成团，叶梗不断，水分控制在 55％左右。

5.4　摊凉回潮

叶片杀青后迅速进行摊凉回潮，厚度 2 厘米左右，摊凉时间

30 分钟~60 分钟。

5.5　揉捻

将摊凉回潮后的连翘叶放入揉捻机，转速 40 转/分钟~50 转/分钟，揉捻 3~4 次，每次 4 分钟~10 分钟。揉捻至手感柔软、蜷缩成团。揉捻后解块筛分。

5.6　烘干

将揉捻分散后的连翘叶放入烘干机，温度控制在 70℃~80℃，烘干时间 4 小时~5 小时，水分控制在 10%~15%。

5.7　筛分

将烘干后的连翘叶茶用筛分机进行筛分，去除碎末。

5.8　复烘

复烘温度控制在 70℃左右，复烘时间 3 小时~4 小时，水分控制在 6%~8%。

5.9　精选

拣出或剔除不符合成品茶品质要求的茶梗、筋、叶片及其他杂物，确保产品外观质量均匀一致。

6　包装

纸袋、纸罐和内衬纸应符合 GB 4806.8 的规定；复合食品包装袋应符合 GB 9683 的规定；塑料袋、塑料罐和内衬塑料薄膜应符合 GB 4806.7 的规定；铝、铁罐应符合 GB 4806.9 的规定；陶、瓷罐应符合 GB 4806.4 的规定。其他包装应选择无异味、无毒无害材料制成，符合 GH/T 1070 及国家有关规定。

包装标识标签应符合 GB/T 191、GB 7718 及其他相关规定。

7　贮存

产品应贮存在阴凉、干燥、通风良好的仓库内，符合 GB/T 30375 的规定。

食品安全地方标准　连翘叶
（山西省地方标准 DBS14/001—2017）

1　范围

本标准适用于食品加工原料用的鲜连翘叶和干制连翘叶。

2　术语和定义

2.1　连翘叶

野生或野生抚育的木犀科连翘属植物连翘［*Forsythia suspensa* (Thunb.) Vahl］的叶。叶片革质，卵形，先端锐尖，基部圆形、宽楔形至楔形，叶缘除基部外具锐锯齿或粗锯齿。

2.2　鲜连翘叶

从连翘树上采摘下来，经挑选、去杂后的鲜连翘叶。

2.3　干制连翘叶

以鲜连翘叶为原料，经挑选、清洗、干燥（包括晾晒）等加工工艺制成的干制连翘叶。

3　技术要求

3.1　感官要求

感官要求应符合表1的规定。

3.2　理化指标

理化指标应符合表2的规定。

3.3　污染物限量

污染物限量应符合表3的规定。

3.4　农药残留限量

农药残留限量应符合 GB 2763 及国家有关规定和公告。

表 1　感官要求

项目	要求		检验方法
	鲜连翘叶	干制连翘叶	
状态	鲜叶，无霉变，无虫蛀	干叶状，无霉变，无虫蛀	取适量试样置于洁净的白色盘（瓷盘或同类容器）中，在自然光下观察色泽和状态，检查有无异物，闻其气味，用温开水漱口，品尝滋味
色泽	绿色至黄绿色		
气味、滋味	具有该产品应有的气味，微苦，无异味		
杂质	无正常视力可见外来异物		

表 2　理化指标

项目	指标		检验方法
	鲜连翘叶	干制连翘叶	
水分/（克/100 克）≤	—	8.0	GB 5009.3
灰分/（克/100 克）≤	—	6.0	GB 5009.4

表 3　污染物限量

项目	指标		检验方法
	鲜连翘叶	干制连翘叶	
铅（以 Pb 计）/（毫克/千克）≤	1.0	1.5	GB 5009.12 或 GB 5009.268
总砷[a]（以 As 计）/（毫克/千克）≤	0.15	—	GB 5009.11 或 GB 5009.268
镉[a]（以 Cd 计）/（毫克/千克）≤	0.05	—	GB 5009.15 或 GB 5009.268
总汞[a]（以 Hg 计）/（毫克/千克）≤	0.07	—	GB 5009.17 或 GB 5009.268
铬[a]（以 Cr 计）/（毫克/千克）≤	0.6	—	GB 5009.123 或 GB 5009.268

a 干制连翘叶中污染物限量以鲜连翘叶中相应污染物限量结合其脱水率折算。

4　每日推荐摄入量和不适宜人群

4.1　每日推荐摄入量

鲜连翘叶摄入量≤15 克/天，干制连翘叶摄入量≤6 克/天。

4.2　不适宜人群

孕妇与婴幼儿不宜食用。

植物新品种特异性、一致性、稳定性测试指南　连翘属
（中华人民共和国国家标准 GB/T 24883—2010）

1　范围

本标准规定了木犀科连翘属（*Forsythia* Vahl）植物新品种特异性、一致性，稳定性测试技术要求。本标准适用于所有连翘属植物新品种的测试。

2　规范性引用文件

下列文件中的条款通过本标准的引用而成为本标准的条款。凡是注日期的引用文件，其随后所有的修改单（不包括勘误内容）或修订版均不适用于本标准，然而，鼓励根据本标准达成协议的各方研究是否可使用这些文件的最新版本。凡是不注日期的引用文件，其最新版本适用于本标准。

GB/T 19557.1—2004　植物新品种特异性、一致性和稳定性测试指南　总则

3　术语、定义和缩略语

3.1　术语和定义

下列术语和定义适用于本标准

3.1.1　节间髓　pith between nodes

枝条两节之间中心部分，由薄壁细胞组成。连属植物的节间髓的形态特征具有空心、具片状膜和实心三种形态。

3.1.2　节上髓　pith on nodes

枝条上的节的中心部分，由薄壁细胞组成。连属植物的节上髓的形态特征具有空心、具片状膜和实心三种形态。

3.1.3　花冠筒心脉　veins in bottom of corolla tube

花冠简基部纵向分布的射线状纹饰。

3.2　下列缩略语适用于本标准。

QL——Qualitative Characteristics，质量特征；

QN——Quantitative Characteristics，数量特征；

PQ——Pseudo‐qualitative Characteristics，假性质量特征；

MG——Measurement for a Group of Plants，针对一组植株或植株部位进行单次测量得到单个记录；

MS——Measurement for a Number of Single Plants，针对一定数量的植株或植株部位分别进行测量得到多个记录；

VG——Visual Observation for a Group of Plants，针对一组植株或植株部位进行单次目测得到单个记录；

VS——Visual Observation for a Number of Single Plants，针对一定数量的植株或植株部位分别进行目测得到多个记录。

4　DUS 测试技术要求

4.1　测试材料

4.1.1　品种权申请人按规定时间，地点提交符合数量和质量要求的测试品种植物材料。从非测试地国家或地区提交的材料，申请人应按照进出境和运输的相关规定提供海关、植物检疫等相关文件。

4.1.2　提交的测试材料应是通过无性繁殖的 3～5 年生植株。

4.1.3　提交的测试材料数量不得少于 15 株。

4.1.4　待测新品种材料应为无病虫害感染、生长正常的植株。

4.1.5　提交的植物材料不应进行任何影响特征表达的额外处理。如果已经被处理，应提供处理的详细信息。

4.2　测试方法

4.2.1　测试周期和时间

在符合测试条件的情况下，至少测试一个生长周期。

4.2.2　测试地点

测试应在指定的测试基地和实验室中进行。

4.2.3　测试条件

测试应在待测新品种相关特征能够完整表达的条件下进行，所选取的测试材料至少应在测试地点定植两年以上。

4.2.4　测试设计

4.2.4.1　待测新品种在测试区应栽种 15 株，设置 3 个重复，每重复 5 株。与标准品种和相似品种种植在相同地点和环境条件下。

4.2.4.2　如果测试需要提取植株某些部位作为样品时，样品采集不得影响测试植株整个生长周期的观测。

4.2.4.3　除非特别声明，所有的观测应针对 15 株植株或取自 15 株植株的相同部位上的材料进行。

4.2.5　同类特征的测试方法

4.2.5.1　肉眼观测的典型性花、枝条、叶等特征（见附录 A 中的表 A.1 性状特征）

花：进入盛花期，选取健壮植株、正常生长的树冠中上部枝条的中上段（每株测试植株 3～4 个花枝）作为花特征的测试材料。

枝条：选取测试植株的当年生枝条的中上部（每株测试植株 3～4 个枝条）作为枝条特征的测试材料。如果以枝条特征作为新品种特异性的评价特征，申请人应在技术问卷（参见附录 B）中明确说明。

叶：选取测试植株的当年生枝条的中部叶片（每株测试植株 3～4 个枝条，每个枝条 3 片～4 片单叶或复叶的顶生小叶）作为测试材料。

4.2.5.2　色彩特征（见附录 A 中的表 A.1 性状特征）色彩特

征的观测应按照 4.2.5.1 取样方法对所采集样品以英国皇家园艺协会"（RHS）出版的比色卡（RHS colour chart）为标准。

4.2.6 个别特征的测试方法

4.2.6.1 植株株高（见附录 A 中的表 A.1 性状特征序号 4）特征

待测新品种的株高特征按照下列标准分级：很矮（＜50 厘米）、矮（50 厘米～150 厘米），中等（150 厘米～250 厘米），较高（＞250 厘米）。

1）该比色卡是英国皇家园艺协会提供的产品的商品名，给出这一信息是为了方便本标准的使用者，并不表示对该产品的认可，如果其他等效产品具有相同的效果，则可使用这些等效产品。

4.2.6.2 花冠口直径（见附录 A 中的表 A.1 性状特征序号 27）特征

待测新品种花冠口直径按照下列标准分级：小（＜1.5 厘米）、中（1.5 厘米～2.5 厘米）、大（2.5 厘米～3.0 厘米）特大（＞3.0 厘米）。

4.2.7 附加测试

通过自然授粉或人工授粉获得的杂交新品种，如果稳定性测试存在疑问，应附加对其亲本的特异性、一致性和稳定性测试。

5 特异性、一致性和稳定性评价

5.1 特异性

5.1.1 差异恒定

如果待测新品种与相似品种间差异非常清楚，只需要一个生长周期的测试。在某些情况下因环境因素的影响，使待测新品种与相似品种间差异不清楚时，则至少需要两个或两个以上生长周期的测试。

5.1.2 差异显著

质量特征的特异性评价：待测新品种与相似品种只要有一个特征有差异，则可判定该品种具备特异性。

数量特征的特异性评价：待测新品种与相似品种至少有两个特征有差异，或者一个特征的两个代码的差异，则可判定该品种具备特异性。

假性质量特征的特异性评价：待测新品种与相似品种至少有两个特征有差异，或者一个特征的两个数字不连贯代码的差异，则可判定该品种具备特异性。

5.2 一致性

一致性判断采用异型株法。根据1％群体标准和95％可靠性概率，15株观测植株中异型株的最大允许值为1。

5.3 稳定性

5.3.1 申请品种在测试中符合特异性和一致性要求，可认为该品种具备稳定性。

5.3.2 特殊情况或存在疑问时，需要通过再次测试一个生长周期，或者由申请人提供新的测试材料，测试其是否与先前提供的测试材料表达出相同的特征。

6 品种分组

6.1 品种分组说明

依据分组特征确定待测新品种的分组情况，并选择相似品种，使其包含在特异性的生长测试中。

6.2 分组特征

6.2.1 植株：株高（见附录A中的表A.1性状特征序号4）。

6.2.2 叶片：夏季混色类型（见附录A中的表A.1性状特征序号14）。

6.2.3 叶片：夏季颜色（见附录A中的表A.1性状特征序号16）。

6.2.4　花：开放状态（见附录 A 中的表 A.1 性状特征序号 28）。

7　性状特征和相关符号说明

7.1　特征类型

7.1.1　星号特征［见附录 A 中的表 A.1 中被标注"（＊）"的特征］：是指新品种审查时为协调统一特征描述而采用的重要的品种特征，进行 DUS 测试时应对所有"星号特征"进行测试。

7.1.2　加号特征［见附录 A 中的表 A.1 中被标注"（＋）"的特征］：是指对附录 A 中的表 A.1 中性状特征表中进行图解说明的特征（见附录 A 中的图 A.1 至图 A.8）。

7.2　特征表达状态及代码

附录 A 中的表 A.1 中性状特征描述已经明确给出每个特征表达状态的标准定义，为便于对特征表达状态进行描述并分析比较，每个表达状态都有一个对应的数字代码。

7.3　特征表达类型

GB/T 19557.1—2004 已经提供特征的表达类型：质量特征、数量特征和假性质量特征的名词解释。

7.4　标准品种

用于准确、形象地演示某一特征表达状态的品种。

连翘栽培与加工技术

附录 A
（规范性附录）
品种性状特征

A.1　连翘基本性状

表 A.1　性状特征表

序号	测试方法	性状特征	性状特征描述	标准品种		代码	性状特征性质	性状特征类型
				中文名	学名			
1	MG	染色体：倍数	二倍体 三倍体 四倍体			2 3 4	QL	
2	VG	植株：生长势	弱 中 强	'布朗克斯'金钟花 卵叶连翘 连翘	*F. viridissima* 'Bronxensis' *F. ovata* *F. suspensa*	3 5 7	QN	
3	VG	植株：株型	直立 半直立 下垂 匍匐 攀缘	连翘 '李武德'杂种连翘 重板连翘变种 '微型'杂种连翘 奇异连翘	*F. suspensa* *F.* ×*intermedia* 'Lynwood' *F. suspensa* var. *sieboldii* *F.* ×*intermedia* 'Courtasol' *F. mira*	1 2 3 4 5	PQ	（十）

· 198 ·

（续）

序号	测试方法	性状特征	性状特征描述	中文名	学名	代码	性状特征性质	性状特征类型
4	MG (c)	植株: 株高	很矮			1	QN	（*）
			矮	'微型' 杂种连翘	F. ×intermedia 'Courtasol'	3		
			中等	'阿诺德小型' 连翘 卵叶连翘	F. ×intermedia 'Arnold Dwarf' F. ovata	5		
			较高	连翘	F. suspensa	7		
5	VG	枝干: 疏密度	紧密	'阿诺德小型' 连翘	F. ×intermedia 'Arnold Dwarf'	3	QN	
			中等		F. suspensa	5		
			松散	'卡尔萨克斯' 杂种连翘	F. ×intermedia 'Karl Sax'	7		
6	VG (a)	当年生枝: 混色	否			1	QL	
			是			9		
7	VG (a)	当年生枝: 颜色	浅黄			1	PQ	
			黄			2		
			黄绿			3		
			绿			4		
			黄褐			5		
			紫红			6		
8	VG (a)	当年生枝: 皮孔	少	朝鲜金钟花变种	F. viridissima var. koreana	3	QN	
			中	欧洲连翘	F. europaea	5		
			多	'阿诺德小型' 连翘	F. ×intermedia 'Arnold Dwarf'	7		

（续）

序号	测试方法	性状特征	性状特征描述	标准品种 中文名	标准品种 学名	代码	性状特征性质	性状特征类型
9	VG	当年生枝：节间髓	中空			1	PQ	
			具膜			2		
			实心			3		
10	VG	当年生枝：节上髓	中空			1	PQ	
			具膜			2		
			实心			3		
11	VG	叶：类型	纯单叶			1	QL	
			单叶或三小叶复叶			2		
12	VG (a)	叶片：单叶或顶生小叶形状	披针形	秦连翘	*F. giradiana*	1	PQ	
			椭圆形	欧洲连翘	*F. europaea*	2		
			长卵圆形	连翘	*F. suspensa*	3		
			卵圆形	卵叶连翘	*F. ovata*	4		
			宽卵圆形	'繁盛'卵叶连翘	*F. ovata* 'Robusta'	5		
			倒卵圆形	朝鲜金钟花变种	*F. viridissima* var. *koreana*	6		
13	VG (a)	叶片：质地	草质	'微型'杂种连翘	*F.* × *intermedia* 'Courtasol'	1	PQ	（+）
			纸质	'李武德'杂种连翘	*F.* × *intermedia* 'Lynwood'	2		
			近革质	'布朗克斯'金钟花	*F. viridissima* 'Bronxensis'	3		
			革质	奇异连翘	*F. mira*	4		

（续）

序号	测试方法	性状特征	性状特征描述	标准品种 中文名	标准品种 学名	代码	性状特征性质	性状特征分类型
14	VG (a) (b)	叶片：夏季混色类型	白黄绿嵌色	'银叶'杂种连翘	F. ×intermedia 'Charming'	1	PQ	(*)
			白绿嵌色	'银花叶'杂种连翘	F. ×intermedia 'Josefa'	2		(十)
			黄绿嵌色	'金色时光'杂种连翘	F. ×intermedia 'Golden Times'	3		
			浅黄绿嵌色	'春的荣誉'杂种连翘	F. ×intermedia 'Spring Glory'	4		
			浅蓝斑纹	'蓝叶'杂种连翘	F. ×intermedia 'Variegatum'	5		
			浅黄蓝绿嵌色	'花叶'金钟花	F. viridissima 'Variegata'	6		
15	VG (a) (b)	叶片：春季颜色	黄	'金叶'连翘	F. suspense 'Aurea'	1	PQ	
			黄绿	卵叶连翘	F. ovata	2		
			黄灰绿	'麦刻柠檬'金钟花	F. viridissima 'McKCitrine'	3		
			绿	'花叶'金钟花	F. viridissima 'Variegata'	4		
			蓝灰绿	连翘	F. suspense	5		
			深绿	'金叶'杂种连翘	F. ×intermedia 'Gold Leaf'	6		
			紫绿	'紫叶'杂种连翘	F. ×intermedia 'Spectabilis'	7		
			紫红	'紫叶'连翘	F. suspensa 'Nyman's Variety'	8		
16	VG (a) (b)	叶片：夏季颜色	黄	'金叶'连翘	F. suspense 'Aurea'	1	PQ	(*)
			黄绿	卵叶连翘	F. ovata	2		
			浅黄蓝绿	'花叶'金钟花	F. viridissima 'Variegata'	3		
			绿	欧洲连翘	F. europea	4		
			深绿	连翘	F. suspense	5		
			紫红	'紫叶'连翘	F. suspensa 'Nyman's Variety'	6		

（续）

序号	测试方法	性状特征	性状特征描述	标准品种 中文名	标准品种 学名	代码	性状特征性质	性状特征类型
17	VG (a) (b)	叶片：秋季颜色	黄 黄绿 绿 深绿 紫红 紫绿 黄褐	'金叶'连翘 卵叶连翘 '紫叶'连翘 '布朗克斯'金钟花	F. suspensa 'Aurea' F. europea F. suspensa 'Nyman's Variety' F. viridissima 'Bronxensis'	1 2 3 4 5 6 7	PQ	
18	VG	叶片：叶脉与叶片同色	否 是			1 9	QL	
19	VG	叶片：叶面是否有毛	无 有			1 9	QL	
20	VG	叶片：叶背是否有毛	无 有			1 9	QL	
21	VG	叶片：基部形状	楔形 圆形 浅心形	杂种连翘 秦岭连翘 卵叶连翘	F. ×intermedia F. giraldiana F. ovata	1 2 3	PQ	(+)

（续）

序号	测试方法	性状特征	性状特征描述	标准种 中文名	标准种 学名	代码	性状性质	性状特征类型
22	VG	叶片：叶缘距基部 1/3 锯齿	有 无 有或无	连翘 欧洲连翘	*F. suspensa* *F. europaea*	1 2 3	PQ	
23	VG	叶片：叶缘	全缘 波状锯齿 粗锯齿 细锯齿 锐尖细锯齿	金钟花 卵叶连翘 东北连翘 '四倍体'卵叶连翘 杂种连翘	*F. viridissima* *F. ovata* *F. mandshurica* *F. ovata* 'Tetragold' *F. ×intermedia*	1 2 3 4 5	PQ	
24	VG	花：着生状况	单生 双生 簇生	金钟花 '春的荣誉'杂种连翘 '密花'杂种连翘	*F. viridissima* *F. ×intermedia* 'Spring Glory' *F. ×intermedia* 'Densiflora'	1 2 3	QL	
25	VG (a)	花：着生密度	疏 中等 密 很密	欧洲连翘 杂种连翘 连翘 '阿诺德大花'连翘	*F. europaea* *F. ×intermedia* *F. suspense* *F. ×intermedia* 'Arnold Giant'	3 5 7 9	QN	
26	VG	花：二次花	无 有	'小型'金钟花	*F. viridissima* 'Klein Autumnal'	1 9	QL	

（续）

序号	测试方法	性状特征	性状特征描述	中文名	标准品种 学名	代码	性状特征性质	性状特征类型
27	MS (a) (b)	花：花冠口直径	小	卵叶连翘	*F. ovata*	3		(＊)
			中	'李武德' 杂种连翘	*F. ×intermedia* 'Lynwood'	5	QN	(＋)
			大	'大花' 金钟花	*F. viridissima* 'Robusta'	7		
			很大	'四倍体' 卵叶连翘	*F. ovata* 'Tetragold'	9		
28	VG (a)	花：开放状态	闭合	连翘	*F. suspensa*	1		
			半开放	金钟花	*F. viridissima*	2	PQ	
			全开放	'阿诺德大花' 杂种连翘	*F. ×intermedia* 'Arnold Giant'	3		
29	VG (a) (b)	花：花瓣颜色	黄绿	'布朗克斯' 金钟花	*F. viridissima* 'Bronxensis'	1		(＊)
			浅黄	秦岭连翘	*F. giraldiana*	2	PQ	
			黄	'阿诺德大花' 杂种连翘	*F. ×intermedia* 'Arnold Giant'	3		
			深黄	'卡尔萨克斯' 杂种连翘	*F. ×intermedia* 'Karl Sax'	4		
30	VG (a)	花：花柄	无	金钟花	*F. viridissima*	1		
			短	卵叶连翘	*F. ovata*	3	QN	
			中	东北连翘	*F. manshurica*	5		
			长	连翘	*F. suspensa*	7		
31	VG	花：萼片颜色	黄绿	卵叶连翘	*F. ovata*	1		
			绿	金钟花	*F. viridissima*	2	PQ	
			褐红	'四倍体' 卵叶连翘	*F. ovata* 'Tetragold'	3		

（续）

序号	测试方法	性状特征	性状特征描述	标准品种 中文名	标准品种 学名	代码	性状性质	性状特征类型
32	VG	花：萼片宿存	否 是	连翘 秦岭连翘	F. suspens F. giraldiana	1 9	QL	
33	VG	花：萼片边缘缘毛	无或极少 中 多	奇异连翘 欧洲连翘 秦岭连翘	F. mira F. europea F. giraldiana	3 5 7	QN	
34	VG (a)	花：花裂片片形状	窄椭圆 椭圆 阔椭圆 卵形 阔卵形	'春的荣誉'、杂种连翘 '欢乐百年'、杂种连翘 '李伍德'、杂种连翘 '日出'、连翘 '繁盛'、卵叶连翘	F. ×intermedia 'Spring Glory' F. × intermedia 'Happy Centennial' F. ×intermedia 'Lynwood' F. 'Sunrise' F. ovata 'Robusta'	1 2 3 4 5	PQ	(+)
35	VG	花：花冠筒心脉颜色	黄 绿 橙黄 橙红	'春的荣誉'、杂种连翘 奇异连翘 秦岭连翘 丽江连翘	F. ×intermedia 'Spring Glory' F. mira F. giraldiana F. likiangenesis	1 2 3 4	PQ	
36	VG	花：雌雄蕊长度比	短 近等长 长 短和长	丽江连翘 卵叶连翘 金钟花 连翘	F. likiangenesis F. ovata F. viridissima F. suspensa	1 2 3 4	PQ	(+)

（续）

序号	测试方法	性状特征	性状特征描述	标准品种 中文名	标准品种 学名	代码	性状特征性质	性状特征类型
37	VG	花：萼片与花冠筒长度比	约1/2 约2/3	欧洲连翘 金钟花 连翘	F. europaea F. viridissima F. suspensa	1 2 3	QN	（十）
38	VG	果实：果喙	无 有			1 9	QL	
39	VG (a)	物候期：花期	早 中 晚	'春的荣誉'，杂种连翘 '李武德'，杂种连翘 '晚花'，连翘	F.×intermedia 'Spring Glory' F.×intermedia 'Lyuwood' F. suspense 'Nymens'	3 5 7	QN	
40	VG (a)	物候期：落叶期	早 中 晚	连翘 杂种连翘	F. suspensa F.×intermedia	3 5 7	QN	
41	VG	抗寒性	极弱 弱 中 强	奇异连翘 '金叶'，杂种连翘 秦岭连翘 连翘	F. mira F.×intermedia 'Gold Leaf' F. giraldiana F. suspensa	1 3 5 7	QN	

(a) 测试方法见 4.2.5.1;

(b) 测试方法见 4.2.5.2;

(c) 测试方法见 4.2.6.1;

(d) 测试方法见 4.2.6.2。

A.2 性状特征图解①

A.2.1 表 A.1 中序号 3 品种性状特征（植株：株型）图解见图 A.1。

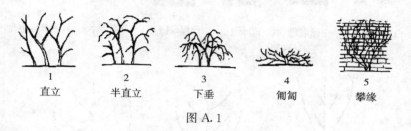

| 1 | 2 | 3 | 4 | 5 |
| 直立 | 半直立 | 下垂 | 匍匐 | 攀缘 |

图 A.1

A.2.2 表 A.1 中序号 12 品种性状特征（叶片：单叶或顶生小叶形状）图解见图 A.2。

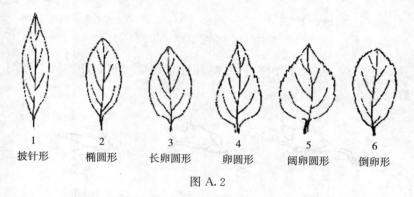

| 1 | 2 | 3 | 4 | 5 | 6 |
| 披针形 | 椭圆形 | 长卵圆形 | 卵圆形 | 阔卵圆形 | 倒卵形 |

图 A.2

A.2.3 表 A.1 中序号 14 品种性状特征（叶片：夏季混色类型）图解见图 A.3。

A.2.4 表 A.1 中序号 21 品种性状特征（叶片：基部形状）图见图 A.4。

---

① A.2 各图中出现的 1，2，3，4，5，6，7 等表示的是表 A.1 性状特征表中的代码，不是数字编号；

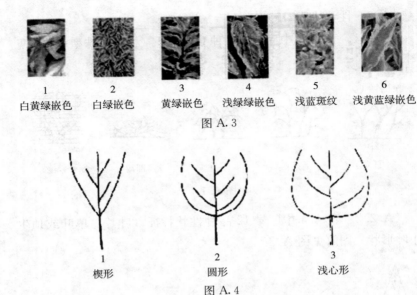

1	2	3	4	5	6
白黄绿嵌色	白绿嵌色	黄绿嵌色	浅绿绿嵌色	浅蓝斑纹	浅黄蓝绿嵌色

图 A.3

1	2	3
楔形	圆形	浅心形

图 A.4

A.2.5 表 A.1 中序号 28 品种性状特征（花：开放状态）图解见图 A.5。

1	2	3
闭合	半开张	全开张

图 A.5

A.2.6 表 A.1 中序号 34 品种性状特征（花：花裂片形状）图解见图 A.6。

A.2.7 表 A.1 中序号 36 品种性状特征（花：雌雄蕊长度比）图解见图 A.7。

A.2.8 表 A.1 中序号 37 品种性状特征（花：萼片与花冠筒长度比）图解见图 A.8。

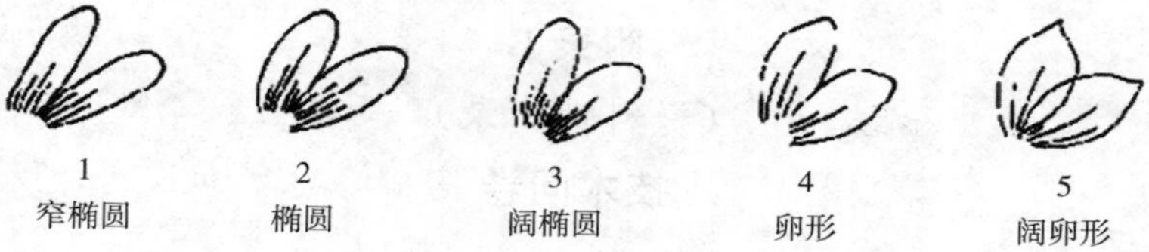
1
窄椭圆
2
椭圆
3
阔椭圆
4
卵形
5
阔卵形

图 A.6

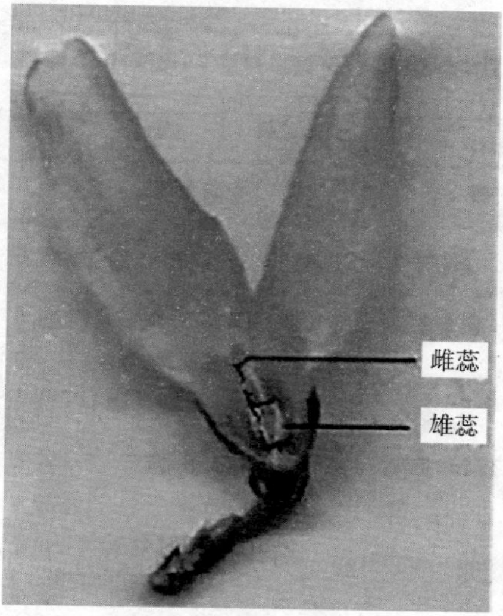
雌蕊
雄蕊

图 A.7

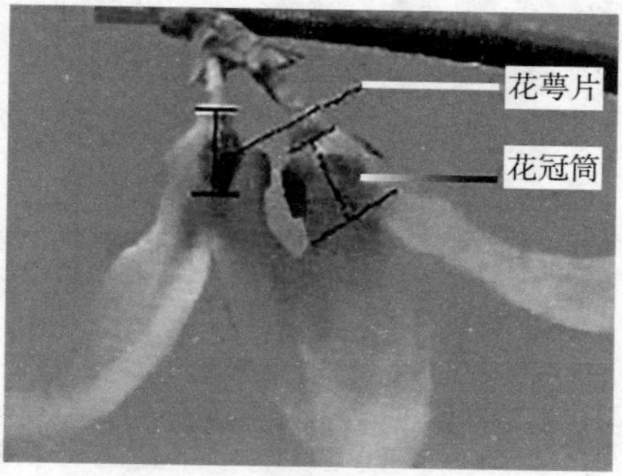
花萼片
花冠筒

图 A.8

附录 B

（资料性附录）

技术问卷

技术问卷

编号（申请者不必填写）

---

1. 申请注册的品种名称（请注明中文名和学名）：

2. 申请人信息

   申请人：　　　　　　　　　　共同申请人：

   地址：

   邮政编码：　　　电话：　　　传真：　　　电子邮箱：

---

3. 品种来源

   品种发现者：　　　发现日期：　　　育种者：　　　育种时间：

   杂交选育：♀（母本）＿＿＿＿＿＿×♂（父本）＿＿＿＿＿＿

   实生选育：♀（母本）＿＿＿＿＿＿

   其他育种途径：

   选育种过程摘要：

---

4. 主要特征（第 1 栏括弧中的数字为附录 A 中表 A.1 中性状特征序号，请在相符合的特征代码后的［　］中划"√"）

| 4.1（2） | 植株：生长势 | 3 弱［　］5 中［　］7 强［　］ |
| 4.2（3） | 植株：株型 | 1 直立［　］2 半直立［　］3 下垂［　］4 匍匐［　］5 攀缘［　］ |

（续）

4.3（4）	植株：株高	1很矮［　］3矮［　］5中等［　］7较高［　］
4.4（14）	叶片：夏季混色类型	1白黄绿嵌色［　］2白绿嵌色［　］3黄绿嵌色［　］4浅绿绿嵌色［　］5浅蓝斑纹［　］6浅黄蓝绿嵌色［　］ RHS名称及编号：主色：＿＿＿嵌色1：＿＿＿嵌色2：＿＿＿
4.5（15）	叶片：春季颜色	1黄［　］2黄绿［　］3黄灰绿［　］4浅黄蓝绿［　］5绿［　］6蓝灰绿［　］7深绿［　］8紫红［　］ RHS名称及编号：＿＿＿＿＿＿＿＿＿＿＿＿
4.6（16）	叶片：夏季颜色	1黄［　］2黄绿［　］3浅黄蓝绿［　］4绿［　］5深绿［　］6紫红［　］ RHS名称及编号：＿＿＿＿＿＿＿＿＿＿＿＿
4.7（28）	花：开放状态	1闭合［　］2半开放［　］3全开放［　］
4.8（29）	花：花瓣颜色	1黄绿［　］2浅黄［　］3黄［　］4深黄［　］ RHS名称及编号：＿＿＿＿＿＿＿＿＿＿＿＿
4.9（36）	花：雌雄蕊长度比	1短［　］2近等长［　］3长［　］4短和长［　］

5. 相似品种比较信息

  与该品种相似的品种名称：

  与相似品种的典型差异：

6. 品种特征综述（按照附录 A 中表 A.1 性状特征表的内容详细描述）

（续）

7. 附加信息（能够区分品种的性状特征等）

7.1 抗逆性和适应性（抗旱，抗寒，耐涝，抗盐碱，抗病虫害等特性）：

7.2 繁殖要点：

7.3 栽培管理要点：

7.4 其他信息：

8. 测试要求（该品种测试所需特殊条件等）

9. 有助于辨别申请品种的其他信息

注：上述表格各条款预留空格不足时可另附 A4 纸补充说明。

申请者签名：_____ 日期：____年____月____日

参考文献

[1] 国际植物新品种保护联盟关于测试指南制定的相关文件：

TGP/5 Experience and Cooperation in DUS Testing

TGP/6 Arrangements for DUS Testing

TGP/7 Development of Test Guidelines

TGP/8 Trial Design and Techniques Used in The Examination of Distinctness，Uniformity and Stability

TGP/9 Examining Distinctness

TGP/10 Examining Uniformity

TGP/11 Examining Stability

TGP/14 Glossary of Technical，Botanical and Statistical Terms Used in UPOV Documents

TGP/15 New Types of Characteristics

UPOV/TG/69/3 Guideline for the Conduct of Tests for Distinctness, Homogeneity and Stability (*Forsythia* Vahl)

［2］张美珍，等. 中国植物志：第 61 卷. 北京：科学出版社，1992：41 - 50.

［3］Mark Griffiths, Index of Garden Plants, London：Timber Press, Inc. 1995：447.

［4］Michael A. Dirr, Manual of Woody Landscape Plants Their Identification, Ornamental Characteristics, Culture, Propagation and Uses, Stipes Publishing L. L. C. Champaign, lllinois. 1998：379 - 385.

［5］Royal Horticulture Society. RHS Color Chart.

［6］Sean Hogan, Flora - A Gardener's Encyclopedia, Timber Press, Inc. Portland, Oregon. Volume 1：607 - 608.

图书在版编目（CIP）数据

连翘栽培与加工技术 / 刘灵娣主编. -- 北京：中国农业出版社，2025. 2. -- ISBN 978-7-109-32597-5

Ⅰ. S685.24

中国国家版本馆 CIP 数据核字第 2024EX2989 号

中国农业出版社出版

地址：北京市朝阳区麦子店街 18 号楼

邮编：100125

策划编辑：王琦瑢

责任编辑：李　瑜　王琦瑢

版式设计：杨　婧　责任校对：吴丽婷

印刷：中农印务有限公司

版次：2025 年 2 月第 1 版

印次：2025 年 2 月北京第 1 次印刷

发行：新华书店北京发行所

开本：880mm×1230mm　1/32

印张：7　插页：2

字数：182 千字

定价：36.00 元

连翘原植物特征图

贯叶连翘原植物特征图

黄海棠（湖南连翘）原植物特征图

黄海棠与元宝草特征图

连翘芽枝扦插大棚育苗

芽枝扦插的连翘插穗

芽枝扦插的连翘苗的根系

连翘修剪后萌发的新芽

连翘嫁接

连翘短柱花

连翘长柱花

连翘果实

菟丝子危害连翘（1）

菟丝子危害连翘（2）

连翘花受早春低温冻害

连翘果实（青翘与老翘）

丁香果

以岭连翘现代化加工设备

以岭连翘茶

以岭连翘花茶

利用连翘制作的工艺花瓶（贾和田 供图）